中小企業の環境経営

地域と生物多様性

Addressing various environmental problems such as global warming, waste and recycle management is requested now. Environmental management for small and medium enterprises.

編著者

パートナーシップ・サポートセンター
岸田 眞代

名古屋市立大学大学院経済学研究科
香坂 玲

はじめに

名古屋市立大学大学院経済学研究科准教授　香坂　玲

　本書は、愛知県下の中小企業に焦点を当てて、環境保全・教育、資源循環や利活用といった広い意味での企業の地域貢献と社会的な責任（CSR）に関わる活動の事例を収集している。東海愛知という地域性と、大手の上場企業に比べると、あまり取り上げられる機会が少なかった中小企業の方々の取り組みを紹介している。

　「モノづくり」が盛んであり、その技術力と専門知識を活かしたような企業による活動を紹介していこうと考え、東海地域を選んだ。選ばれた事例からは、普段はあまり目立つことはないが、脈々と専門的な知識を伝承する人材育成に裏打ちされた地道な活動をしてきた地域ならではの事例が目立った。また、モノづくりというと、自動車や精密機器を連想しがちだが、愛知県では野菜づくりなど農業も盛んであり、食に関わる企業の活動も多く取り入れられている。

　2005（平成17）年には「自然の叡智」をテーマとして愛・地球博が愛知県で開催された。開催予定地の海上の森にオオタカの巣が見つかり、計画が変更されるなど、経過では紆余曲折があったものの、延べ2,200万人が訪問して成功裡に終了した。地域と国全体で環境とその利用についての真摯な議論が交わされた経験は今でも財産となっている。

　また2010（平成22）年10月には、愛知県名古屋市で生物多様性条約第10回締約国会議（COP10）が開催される。今世紀に入ってわが国で開催される環境関連の会合としては最大級の催しであり、現在その準備が進められている。国内だけの議論ではなく、先進国と発展途上国の世界規模で、生態系や遺伝資源などさまざまなテーマについて、議論が交わされる予定だ。企業も無関係ではなく、生物多様性条約では、「最も参画が出遅れているセクター」として2006（平成18）年からその積極的な参画の推進が促されてきた。背景には、生物多様性や生態系の悪化に歯止めがかからず、遅々として進まない対策に関係者が危機感を募らせていることがある。その参加を呼び掛けていること

には、企業活動は「問題の一部であると同時に解決の糸口である」という考え方が根底にある。つまり、世界的には第1次産業を含めて産業界が事業を通じて生態系に悪影響を与えていることは明らかである一方で、物資の供給を通じた企業活動の基盤や地域社会との共存は、環境への配慮なしには成り立ちえないという哲学に基づいている。これまでの議論は大企業が中心であった感は、条約でもその他の議論の場でも明らかである。国際会議などでイニシアティブを発表するのも、そのような大手の企業の活動が目立ってきた。CSR活動の事例についても、上場している大企業を中心に模範事例集（ベスト・プラクティス）などが議論の中心となってきた。

　本書のもう1つの特色は、中小企業に焦点を当てているということである。日本を含めて世界の企業の大多数は中小企業であり、トップの強い意志で地域に根付いて活動している企業も少なくない。また、働いている人々も海外からの研修生を受け入れているなど、国際性に溢れる企業も珍しくない。本書の事例からも、トップの強い意志で、中小であるからこそ地域と連携しながら活動している企業の姿が浮かび上がってくる。まだ手探りで実験的な試みも含まれており、旧来の模範事例という範疇に収まらない事例もあるが、そうであるからこそ他の地域や企業の参考となる情報が含まれているのではないかと思う。本書はそのような完成されたノウハウ集ではないが、中小企業が行っているCSR活動のスピード、地域への広がり、中小企業だからこそできることといったテーマについて考える1つの出発点となりうる。また、名古屋商工会議所が作成した環境行動計画についても付記しており、今後、愛知県下、名古屋地区の中小企業は非常にバラエティとバイタリティに富んでおり、循環・環境配慮型の地域社会を構築していく上でヒントとなろう。他の地域での分析、大企業との活動の比較の深化、そして何より今後の議論の高まりに期待したい。

目次

アンケートとヒアリング調査
アンケート及びヒアリング調査の目的・概要	8
考察：アンケート調査の結果より	12

環境・CSR15事例

中小企業15社の環境経営　ヒアリング調査から見えてきたもの	18
CASE 1　環境に配慮した土木工事で業績アップ 株式会社山田組	24
CASE 2　太陽光発電の"おひさま幼稚園" 学校法人藤学園　港北幼稚園	28
CASE 3　人と自然が共生する社会環境の創造 株式会社創建	32
CASE 4　徹底した地域密着主義を背景に環境貢献活動 中日信用金庫	36
CASE 5　独自のエコポイント制度で家族も巻き込む 前田バルブ工業株式会社	40
CASE 6　19回続く「環境フォーラム」 株式会社エステム	44
CASE 7　会社を飛び出し「循環型社会の創造」目指す 東海リソース株式会社	48
CASE 8　自然体験を通じて生産者と消費者を結ぶ 株式会社にんじん	52
CASE 9　有機農業を次世代へつなぐ 株式会社愛農流通センター	56

CASE 10 社会貢献活動を企業活動として実践 ガイアファミリーネットワーク	60
CASE 11 持続可能な社会づくりをトータルサポート 株式会社フルハシ環境総合研究所	64
CASE 12 生物多様性保全に配慮したコーヒーを提供 マウンテンコーヒー株式会社	68
CASE 13 企業経営の円滑化に深く関わる環境貢献活動 丸美産業株式会社	72
CASE 14 大同特殊鋼グループとして社会貢献・地域貢献 大同エコメット株式会社	76
CASE 15 子育て優先の会社 有限会社ワッツビジョン	80
CSRの観点から15事例を読んで	84

調査を終えて

「検討会」に参加して	89
調査を終えて	90
参考資料　環境行動計画 名古屋商工会議所	92

あとがき
発刊にあたっての関係者・編著者紹介

アンケートとヒアリング調査

アンケート及びヒアリング調査の目的・概要

調査の目的

　モノづくりが盛んであり製造業を中心とする中部・東海地域において、中小企業のCSR活動の実態を把握する。

　大企業については、環境・CSR活動が徐々に浸透しているものの、企業の9割を占める中小企業においては、その取り組みが遅れている。社会全体として環境・CSR活動の推進を図っていくためには、中小企業が実際どのような環境・CSR活動を行っているのか、実態調査をする必要がある。

　そして、これまで暗黙知であったが故に意識せず行われてきた中小のCSRを掘り起こし、CSR活動のモデル事例をピックアップし、環境という視点から事業やモノづくりに取り組むことができる人づくりや、CSR活動を言語化・可視化することにより、次世代と他の中小企業に伝えていくためのツールとして活用することを目的とする。

調査の概要

1．本調査で対象とする中小企業の範囲

　本調査で扱う中小企業とは、中小企業庁の中小企業・小規模企業者の定義（下記表参照）を基に企業選定を行った。一部は定義外の企業も含まれている。

中小企業庁　中小企業・小規模企業者の定義

業種分類	中小企業基本法の定義
製造業その他	資本金の額又は出資の総額が3億円以下の会社並びに常時使用する従業員の数が300人以下の会社及び個人
卸売業	資本金の額又は出資の総額が1億円以下の会社並びに常時使用する従業員の数が100人以下の会社及び個人
小売業	資本金の額又は出資の総額が5千万円以下の会社並びに常時使用する従業員の数が50人以下の会社及び個人
サービス業	資本金の額又は出資の総額が5千万円以下の会社並びに常時使用する従業員の数が100人以下の会社及び個人

２．アンケート及びヒアリング調査方法

①企業の選出

　2008年度、NPO法人パートナーシップ・サポートセンターが企画・実施した「環境活動等に関する企業＆NPO協働事業の実施状況調査」（愛知県）を参考に、環境問題に取り組む中小企業を選出。さらに当会の会員企業の関連する中小企業でホームページ上に「環境」もしくは「CSR」の文言のある企業を加え、計127社を選出した。

②調査方法

　まず、直接電話でアンケートの協力依頼を行い、応諾を得た42社に対しアンケート用紙を送付（一部Eメール、FAX）。回収は22件、回収率52％。
　ヒアリング調査は、アンケート回収企業の中から応諾を得た18社にヒアリング調査を行ったが、ヒアリング調査後の非公開希望が3社あった。

③調査期間

　2009年8月から2009年12月にかけて実施。

④調査項目

　企業に対するアンケート調査項目は、次ページの通りである。

	主 な 調 査 項 目
Ⅰ．企業の属性	資本金、業種、従業員数
Ⅱ．環境経営について	1. 環境年次目標の設定(経営理念や方針について)
	2. 経営理念や方針に①自然保護、②生物多様性保全、③自然環境教育、④環境管理等を所轄する部署・担当があるか
	3. エコバランス(事業に係わる全投入量・排出量、インプット・アウトプット)の数値データはあるか
	4. 環境対策推進体制図の記載はあるか
	5. 環境マネジメントシステム、環境経営の監査について記述はあるか
	6. 重要法規制等の違反の有無と規制当局からの指導・処分内容(罰金額など)、改善状況の記載はあるか
	7. 環境関連の事故や苦情の有無と改善状況の記載はあるか
	8. 経済性(事業及び決算)は記入されているか
	9. ガバナンス(組織・機能)についての記述はあるか
	10. コンプライアンス(倫理・規範、法令・規制、文化)などの記述はあるか
	11. ステークホルダーとのコミュニケーション(対話)は行われているか
Ⅲ．製品の環境対策について	1. 環境配慮製品、環境貢献製品の販売やサービスをしているか
Ⅳ．社会性もしくは「社会との係わり」「社会貢献」	1. 企業の公式ウェブ上にCSR・環境報告書の閲覧はあるか
	2. 企業の公式ウェブ上に環境方針、ビジョンは記載されているか
	3. 企業の公式ウェブ上に環境関連のリンクが充実しているか
	4. 企業の公式ウェブ上にCSRもしくは「企業の社会的責任」のキーワードはあるか
	5. 企業の公式ウェブ上に社会性もしくは「社会との係わり」「社会貢献」「地域貢献」などの言葉はあるか
Ⅴ．社内の環境活動について	1. ISO14001など環境EMSについて
	2. ごみ減量対策、温暖化・エネルギー対策、地域の自然環境の保全・保護等行っているか
	3. 生物多様性保護のための取り組みをしているか
	4. 自然環境保護・自然環境教育を行っているか
	5. 地域環境・地域美化活動に参加しているか
	6. 出前授業や自然体験学習の提供をしているか
Ⅵ．環境活動報告・社会活動報告等について	1. 環境活動報告・社会活動報告等を作成する際、準拠・参考にしたガイドラインは何か
	2. 報告書にエコプリンティングを実施しているか
	3. 報告書の「第三者評価」は行われているか、またどこの組織が行っているか
	4. 第三者評価とそれに対する企業の回答を情報開示しているか

Ⅶ. 社員教育について	1.	従業員に対する環境教育を実施しているか
	2.	社員環境意識調査の実施をしているか
	3.	従業員の雇用、多様な人材の受け入れ（女性・障害者・外国人等）を実施、及び従業員の人権・差別防止の積極活用をしているか
Ⅷ. 外部的社会貢献・地域貢献について	1.	海外への活動・支援を行っているか
	2.	国内への活動・支援を行っているか
	3.	NPO・市民活動と関わり活動している事例
Ⅸ.「生物多様性保全」における、企業の関わり方について	1.	企業にとって「生物多様性保全」は、常に関心を持たなければならない経営テーマだと思うか
	2.	「生物多様性保全」を推進する上で、貴社にとって重要で関心のある課題は何か
	3.	「生物多様性保全」をおろそかにした場合に、想定される経営上のリスクや事業展開への懸念について
	4.	「生物多様性保全」の行動を、企業ならびに市民社会に広く浸透させるには、どのような対応が重要か

３．調査内容検討会

　調査結果の評価に当たっては、企業の社会貢献活動、環境、データ分析に精通する有識者４名からなる調査内容検討会を設置し、検討を行った。
検討会の構成は以下のとおりである。

【検討委員】　　　　　　　　　　　　　　　　　　　　（五十音順・敬称略）
　面高　俊文　株式会社デンソーユニティサービス顧問
　岸田　眞代　特定非営利活動法人パートナーシップ・サポートセンター代表理事
　香坂　　玲　名古屋市立大学大学院経済学研究科准教授
　徳山美津恵　名古屋市立大学大学院経済学研究科准教授
　　他、取材者及び執筆者、事務局担当者も加わり検討会を行った。

考察：アンケート調査の結果より

名古屋市立大学大学院経済学研究科准教授　徳山美津恵
名古屋市立大学大学院経済学研究科准教授　香坂　　玲

　今回のアンケート調査の目的は、中小・中堅企業における環境への取り組みの傾向を明らかにすることであったが、実際に調査に協力してくれた中小企業は22社であり、そこから中小企業全体に関する傾向を読み取ることは難しい。ただ、協力してくれた企業の業種を見てみると、卸売・小売業は6社と多いが、建設業3社、サービス業3社、製造業2社、運輸・通信業2社、金融・保険、不動産、教育・学習支援、その他がそれぞれ1社と、業種にあまり偏りが見られないことが特徴である。その上、この小サンプルの多くはインタビュー調査にも協力してくれた企業であるため、環境経営に関心を持っている中小企業として、今回の回答企業の傾向は読み取れるのではないだろうか。今回のアンケート調査は多岐にわたる質問項目であるため、紙幅の関係により、環境経営、中小と大企業との比較に的を絞って解説していきたい。

　まず、環境理念や方針に「自然保護」が設定されている企業が13社（約59％）、「生物多様性保全」と「自然環境教育」を設定している企業がそれぞれ14社（約64％）であった（重複あり）。これはトップ・マネジメントレベルで、環境経営に関心を持ち、それを理念・経営方針に取り入れている企業が多いことを示している。また、環境管理などを担当する部署もしくは担当がいる会社も12社（約55％）と、回答企業の半数以上が環境経営を継続的に行っていくためのシステム構築も行っているようである。活動の割合では、大企業との差はないが、環境管理などを担当する部署もしくは担当がいる企業の比率は大企業の約9割と比べ差が大きい。

　ISOなどの環境マネジメントシステム（EMS）に関する具体的な取り組みについて見てみると、ISO14001取得が8社、エコステージ2社、エコ事業認定1社であった。また、温暖化・エネルギー対策については、16社（約76％）が取り組んでおり、具体的には「クールビズ・ウォームビズの実施」（10

社)、「エコドライブの奨励」(8社)、「チーム・マイナス6％への参加」(7社)、「その他」(4社)、「太陽電池の設置」と「壁面・屋上緑化」(それぞれ5社)、「断熱材・断熱塗装を導入」(3社)の他、「熱監視センサー照明、省エネ照明への切り替え」、「モーダルシフトや輸送の効率化などのグリーン物流」、「エコ通勤の促進」(それぞれ1社)があがった。取り組みやすい対策には多くの企業が積極的に取り組んでおり、それ以外は各社、自社に合ったレベルの取り組みがなされていることが分かる。

　生物多様性保護について、半数近くの会社が何らかの形で取り組んでおり、具体的には「有機農業・食育」(4社)、「植林・育林・間伐」(3社)、環境関連事業に携わっている企業の「業務上サービス」(2社)、「その他」(1社)という内訳だった。環境保全に関しては、NPOに加盟もしくは支援している企業が8社と多かった。また、自然環境保護・自然環境教育への取り組みや、地域環境・地域美化活動への取り組みも半数近くが行っていることが分かった。社員に関しては、13社がISO教育を中心とした環境教育を実施していた。

　最後に、今後、愛知・名古屋市で開催される生物多様性条約第10回締約国会議(COP10)を機に、更に注目が高まるであろう「生物多様性保全」について見ていきたい。今回の調査に協力してくれた企業の約7割、16社が「生物多様性保全」を重要な経営テーマとして認識していると回答した。そこで、具体的な経営課題とリスク認識を、香坂・徳山(2009年)によって行われた経団連の調査、すなわち大企業を対象とした調査との比較から見ていきたい。まず、生物多様性保全に取り組まないことから生じる「今回の調査における経営リスク」の認識だが、表1を見てもらうと分かるように、上位5つを上げると、上から順に、「社会的責任経営・CSRの評価低下」(14社)、「消費者の不評・不買運動」(8社)、「原材料の調達や製品・商品の供給が困難化」(8社)、「ブランド力の低下」(7社)、「取引先との営業力低下」(4社)となる。

これらは、香坂・徳山（2009年）によって行われた（経団連の）大企業を対象とした調査でもほぼ同じ傾向がみられる。

次に、生物多様性保全を推進する上での「今回の調査における経営課題」（表2）について上位5つを上げると、上から順に、「資源の循環活用：3R（リユース、リデュース、リサイクル）」（12社）、「安定かつ安全な原材料の調達と製品・商品の供給」（10社）「低負荷の環境技術開発とイノベーション」（9社）、「自然のメカニズム・バイオリズムに沿った自然再生・復元・保全システムの開発」（9社）、「地域社会の固有の多様な風土・文化・資源の保存尊重」（8社）となっている。香坂・徳山（2009年）の大企業を対象とした調査と比較すると、上位については大企業と同じ傾向だが、大企業の場合よりも、全体としては経営課題に分散傾向がみられる。

最後に、生物多様性保全を企業や市民に浸透させるための取り組みとして、今回の回答企業が重要だと考える方策を紹介して終わりにしたい。上位から順に、「わかりやすい行動指針・事例集（ガイドライン）の作成と普及」（10社）、「生物多様性保全の活動の波及効果や、社会への貢献度などをわかりやすく明示するシステムの構築」」（10社）、「企業向けの行動指針・事例集（ガイドライン）の作成」（9社）、「活動に対する優遇税制や優遇金融」（9社）、「活動に対する社会的評価や市民へのインセンティブの付与」（7社）があがった。これに関連して、大企業を中心とする経団連では宣言を採択し、行動指針とその手引き、また実施企業のパートナーズを結成している。中小企業においても、スピード感をもって地域に根ざした活動を展開し、経験を共有できるようなガイドラインや事例集が今、求められているといえよう。

【参考文献】

香坂玲・徳山美津恵（2009年）「生物多様性・生態系と経済の基礎知識」中央法規出版、300-322頁.

表1　今回の調査における経営リスク（単位：度数）

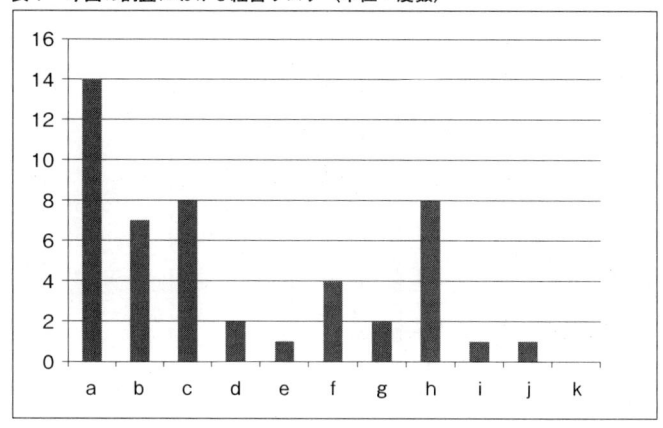

a．社会的責任経営・CSRの評価低下
b．ブランド力の低下
c．消費者の不評・不買運動
d．金融市場における格付け低下
e．SRI（社会的責任投資）の対象から除外
f．取引先との営業力低下
g．サプライチェーンの混乱
h．原材料の調達や製品・商品の供給が困難化
i．工場・事務所の操業が困難化
j．企業内覇気の低下
k．その他

【参考資料】大企業における経営リスク（単位：度数）

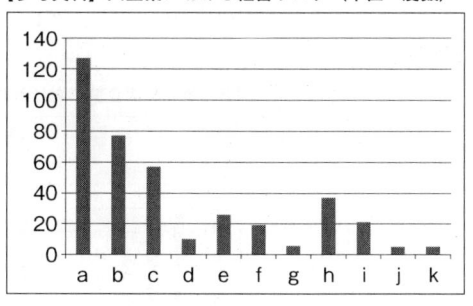

表2　今回の調査における経営課題（単位：度数）

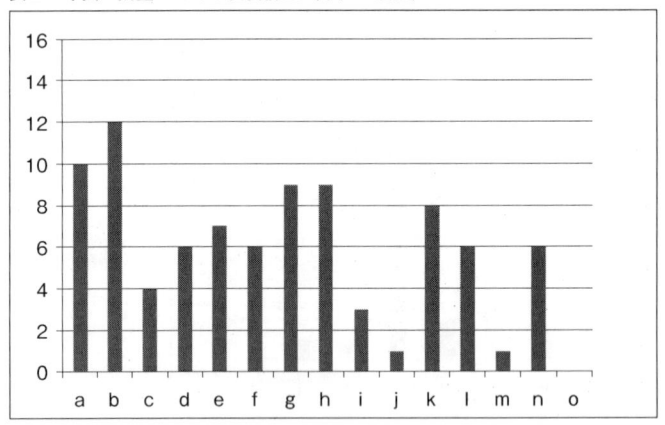

a．安定かつ安全な原材料の調達と製品・商品の供給
b．資源の循環活用：3R
c．アセスメントや次号家庭の事前調査等の予防措置、及び保全配慮措置
d．絶滅危惧種の保全
e．外来撹乱種の排除
f．天災（水害・風害等）の発生防止と被害抑制
g．低負荷の環境技術開発とイノベーション
h．自然のメカニズム・バイオリズムに沿った自然再生・復元・保全システムの開発
i．遺伝資源の利用における知的財産権や利益の衡平な配分
j．バイオセーフティ
k．地域社会の固有の多様な風土・文化・資源の保存尊重
l．エコツーリズムの推進
m．生物多様性配慮の事業への選別投資
n．温暖化対策における排出権取引のような、クレジット化、オフセット化の推進
o．その他

【参考資料】大企業における経営課題（単位：度数）

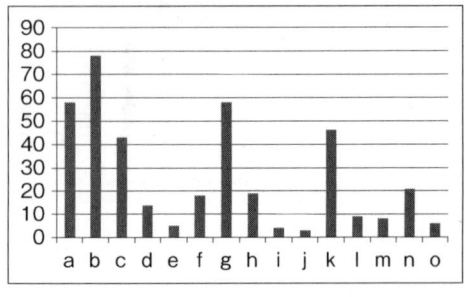

環境・CSR 15 事例

中小企業15社の環境経営
ヒアリング調査から見えてきたもの

パートナーシップ・サポートセンター代表理事　岸田 眞代

１．元気な中小企業の「今」

　中部における景気の落ち込みは、それ以前が余りに突出してよかったこともあって、今は際立って悪い状況が続いている。したがって、大企業の影響をまともに受ける中小企業の経営者は頭を抱えているにちがいないと、ヒアリングを担当した者たちは腹をくくって出かけた。

　ところが、訪問した企業は意外にも活気に満ちており、「経営者は熱く『哲学』を語り、社内は活気に満ちていた」のである。また別の者は、経営者のタイプはさまざまではあったが、「何かの役に立ちたい」「役に立てば」という使命感をもち「自然と会話するように環境と対話しようとしていた」と言う。それを見て「時代を受け入れ自然に舵を切っているのだ」と驚きの感想を述べている。

　いずれも、これまでこの地で多くの取材をこなしてきたベテラン記者である。彼らに、時代の変化をしっかりと感じさせる取材になったことは、今回のヒアリング対象となった中小企業が、「今」という時代を先取りしていることを見事に証明していると言えるだろう。

２．ヒアリング対象の属性

　今回対象としたのは、いわゆる「中小企業」と定義され、環境・CSRに積極的に取り組む企業である。ちなみに、従業員数、資本金など各企業欄に記しているが、中小企業庁の業種による中小企業の定義に基づいて取材対象を設定してはいるものの、一部小規模企業者も含まれていることをお断りしておきたい。業種は製造業（4社）、卸・小売業（3社）、サービス業（3社）、建設業（2社）、不動産業、金融業、幼稚園（以上各1社ずつ）と幅広い。従業員も8名から273名と規模もさまざまである。この本を手にされた方が、

それぞれの立場で自社に引き寄せて参考にしていただければうれしい。

3．5つの観点からみると…

　ヒアリングから浮かび上がってきたものを少し整理しておきたい。その観点としては、中小企業の環境経営について、1）「本業や事業活動にどう位置づけられているか」2）「中小企業の取り組みの特徴は何か」3）「地域との関係はどうか」4）「生物多様性（COP10に向けての取り組みを含む）をどう位置付けているか」5）「取り組みの主体はだれか。どのように行っているか」等である。では順番に見ていこう。

1）「本業や事業活動にどう位置づけられているか」（理念・経営方針）

　環境に関する部署や担当を持っていたり、年次目標をもち自己評価までしている中小企業はまだまだ多くはない。そのなかで「世の中の基を創る」（創建）といった高邁な理念を掲げている企業、「企業経営すなわち社会貢献」（ガイア）というような明確な使命感を持って事業活動を行う企業、「環境を守る会社に入社した」（エステム）と社員が感じるような会社を目指している企業など、それぞれの表現で心意気を感じさせる企業がめだった。
　中でも、中小企業の環境経営に関する3つの視点（方法）を提起している企業（フルハシ）や、建設業者の「使命」を自ら4点にまとめ提起している企業（山田組）などは、トップの哲学を社会に発信し当然の取り組みとしてCSRを実践している。

2）「中小企業の取り組みの特徴は何か」（取り組み内容とその特徴）

　中小企業における環境・CSRの取り組みとしては、大きく分けると3つあげられよう。
　ひとつ目は、既存の事業、つまり本業そのものが環境・CSRに直接結びつく取り組み、2つ目は、新分野でのビジネス展開による取り組み、3つ目はコスト削減など事業活動全般における取り組みである。
①本業そのものが環境・CSR経営
　「固体発酵法」によって食品残渣から家畜用飼料・肥料とバイオエタノー

ルを製造する技術の開発(東海リソース)や、環境に優しい新工法を種々開発して土木工事を行ったり(山田組)、環境に配慮した鉛レスの素材を使った製品を本格的に製造したり(前田バルブ)、環境に優しい車の購入に優遇金利を適用する金融商品や「『生物多様性について考えてみませんか』定期」を設けたり(中日信用金庫)、「自然と共生する住宅」(丸美産業)の供給や、サステイナブルコーヒーの販売(マウンテンコーヒー)などがその例である。この点では市民活動や生産農家から派生したとも言える農薬を使わない米や野菜の宅配(愛農、にんじん)も、本業そのものである。

　これらはまさに「売ることが貢献」(マウンテンコーヒー)でもある。直接利益にも結びつく取り組みである。技術系、サービス系等それぞれの特徴に注目するのもおもしろい。

②新分野でのビジネス展開

　新分野でのビジネス展開は、いわゆるエコ対応ビジネスでもある。まさに次代を見据えて「ベクトルを変えていく」企業である。中小だからこそそれが実現しやすいのかもしれない。

　例えば、「持続可能な社会への対応」にベクトルを向けCSRセミナーを1年半で12回も行ったり(創建)、独自の「環境フォーラム」の開催(エステム)などは、環境そのものを事業として取り入れている。

　また意外に多いのは、親会社の方針や依頼を受けて新たに事業展開しているところで、親会社が発生する廃棄物の再資源化を目的に設立した企業(大同エコメット)や親会社の環境負荷軽減策や作業の効率化、省エネ化などをコンサルティングするためにつくり今や環境関連のツールで事業を広げる企業(フルハシ)などがある。

　先代から受け継いだ家業を、時代のニーズに合わせて造園業、環境産業へとビジネス展開している(ガイアファミリー)も中小ならではの機敏さが感じられる。

③事業活動全般における取り組み

　本業というのは製品やサービスに直接かかわるものと捉えた場合、実は本業そのものではないもののコスト削減をはじめ事業活動全般に伴う取り組みにはいろいろな工夫が見られる。

最近多くなっているのは、屋上緑化や壁面緑化、太陽光発電であり、今回ヒアリングした多くの企業が取り組みを進めている。「壁面緑化」を駐車場に施したり（中日信用金庫）、屋上にも壁面にも緑化（創建）していたり、排水施設のトラブルを乗り越え緑が成長している（丸美産業）、など、緑の景観としても地域に貢献している。

　また太陽光発電では、ほぼ本館園舎の電力を賄い「おひさま幼稚園」（港北幼稚園）として知られるようになったり、ATM、室内照明、駐車場の照明の電力を賄うなどCO_2削減や省エネなどに配慮したエコ店舗を実現している（中日信用金庫）のも特筆されよう。

　その他独自の取り組みとしてあげておきたいのは、生産ラインを変えるために本社・工場を移転。新工場は天然光を取り入れる設計にして「照明レス」を可能にしたり（前田バルブ）、段ボールや卵パックなどの回収に加え、野菜の生ごみを契約生産地の堆肥として利用する取り組み（にんじん）などがある。

　環境というよりCSRの取り組みとしては「子育て優先で働ける会社」を設立目的に、子育て中の女性を中心に日本で唯一の手づくりタイルメーカーとして異彩を放つ（ワッツビジョン）など「小さいからこそできる」きめ細かなオリジナルの取り組みと言えよう。

3）「地域との関係はどうか」（地域やNPOとの関係）

　中小企業は大企業に比べむしろ地域や社会との関わりが密でなければならない。しかし一方でそうした余裕を持てないのもまた事実であろう。そのなかで、市民活動や農業を母体に生まれたビジネスは、消費者と生産者が"顔の見える関係"をつくっている。その点では地域を強く意識しており、NPOや環境団体との連携についても深い（愛農、にんじん）。

　また、環境保護団体の考えに共鳴してサステイナブルコーヒーの入荷、販売を始めた（マウンテンコーヒー）のように、新たな出会いが事業を変えていくこともある。モンゴルにどんぐりを植えるNPOへの支援（創建）や、世界の砂漠に植物の種をまく活動をしているNPOへの協力（前田バルブ）は社

会貢献の要素が強い。地域貢献活動としては、清掃ボランティアや緑化ボランティアへの参加（エステム他）や、出張講座（東海リソース、マウンテン他）などで地域や教育現場とのかかわりを持つところも多い。

4）「生物多様性をどう位置付けているか」（生物多様性の取り組み）
　2010年10月に名古屋で開催されるCOP10を契機に生物多様性の取り組みが注目されている。多くの企業は大企業も含め独自に何をするべきかが見出せず、植林や森づくりといった活動が多い。
　その中で、ビジネスチャンスと捉えて取り組んでいるのが、『生物多様性』定期の他、生物多様性実行委員会への寄付支援などいち早く実施した（中日信用金庫）とCOP10で世界からやってくる人たちの宿泊先でサステイナブルコーヒーを提供しようという（マウンテンコーヒー）である。

5）「取り組みの主体はだれか。どのように行っているか」
　　（実施体制や社員教育）
　中小企業の取り組みの最大の特徴は、何と言ってもトップによる決断が直接反映されることであろう。トップの経験、考え、こだわりが、経営方針となり社員に伝わっていく。それを最大限活かせば、大企業に勝るとも劣らない環境経営、CSR展開が可能であることを、今回のヒアリングは証明している。
　創設者の父の"もったいない"精神を受け継いだという港北幼稚園園長の「私が根っからの環境大好き人間だった」という経営者の資質もさることながら、「中小企業では、社長自らがやらないといけない。彼らに食わせてもらっている社長が、社員のためにやること。自社の強みや社長のこだわりに基づいて考えること」と明言した山田組社長のことばが象徴的である。「社外活動は、自社の強みを積極的に発信する機会と捉えること。中小企業こそ、環境・CSR活動をすべき」と断言しているのは実績に裏付けられているからであろう。
　特筆すべきは「法律が制定されてから学んでいたのでは遅い。関連省庁の審議会の段階で議事録を取り寄せて定期的に勉強している」という（東海リ

ソース)で、その姿勢こそ中小企業に求められる進取の気質、気概であろう。また、入社1〜5年程度の若手社員に「環境フォーラム」を委ねる(エステム)、職員全員が「サービス介助士2級」の資格を取得している(中日信用金庫)、従業員が家庭から持ち寄るアルミ缶や古着、古切手などでポイントをため、好きな商品と交換できる独自のエコポイント制度をつくることで環境問題に取り組んでいる(前田バルブ)など、社員を巻き込む取り組みにもさまざまな工夫が見られる。

　以上、今回ヒアリングさせていただいた企業は、もちろん中部における先進的な中小企業であろう。しかし、その取り組みは決して他の中小企業ができないことではない。ぜひこの中から多くのヒントを掴み取っていただきたいと心から願う。

CASE 1 環境に配慮した土木工事で業績アップ

株式会社山田組

> **Profile**
> 社　　名 ● 株式会社山田組
> 所 在 地 ● 〒454-0962　愛知県名古屋市中川区戸田5丁目1213
> 設　　立 ● 1954年7月　　　　資 本 金 ● 3,300万円
> 代表取締役 ● 山田厚志　　　　従業員数 ● 80名（うち女性11名）
> 業務内容 ● 土木工事、環境・景観整備工事、上下水道工事・更生工事、その他管工事
> HP ● http://www.yamadagumi.jp/index.html
> 取材協力 ● 代表取締役　山田厚志氏

「環境保全」と「土木工事」という一見矛盾したテーマに取り組み、注目を集める会社がある。名古屋市中川区の建設会社「株式会社山田組」は、環境に優しい新工法で業績を伸ばす一方、環境教育現場への出前授業など「環境」をキーワードにして地域社会に根差した事業展開をしている。

▶▶▶ 建設業者の使命

㈱山田組は1954（昭和29）年7月に先々代が設立。3代目の山田厚志社長は2001（平成13）年12月に就任した。山田社長は、愛知教育大学大学院でデザイン学専攻の助手を務めた、異色の経歴を持つ経営者である。同社の行う土木工事は、行政から請負う公共工事が中心だ。山田社長の経営哲学は明快である。

「公共工事は、市民の負託を受けた行政が実施する、市民のための地域改善事業です。ところが、当社のような請負業者に対して市民から苦情や要望が寄せられることも少なくない。地域に根差す我々のような中小建設業者は、地域とつながりを持ち、互いの立場を尊重できるような関係を築いて、地域に溶け込んでいくことが事業を進める上で不可欠です」。地域の理解を得る上で、最もネックとなるのが「建設業者＝環境破壊者」という業界に対するマイナスイメージである。山田社長は「その指摘は一面では外れているが、一面では当たっている」という。「建設業者は発注者、施主の意向を受けて

工事をする受け身の立場。我々の行っている公共工事では、官庁や官庁の委託を受けた設計コンサルタントの設計書に基づいて工事をする。したがってその工事で環境に悪影響が出たとすれば、官庁や設計コンサルタントの過失となる。さらに言えば、工事は税金で行われているので、納税者でありエンドユーザーの市民一人ひとりが環境破壊者ということになる」。建設業者は能動的に環境を破壊しているわけではないという意味で、その指摘は的外れであるというわけだ。だが「直接工事をしているという点で、建設業者が環境破壊者であるという指摘は当たっている」という。「設計は他者がしたとしても、それが環境に悪影響を与えないかどうかを深く検討することなく、安く迅速に工事をしてしまう建設業者の罪は大きい」

その上で山田社長は建設業者の「使命」をこう話す。「①『この工事・工法は環境を悪化させないか』を自ら検討できる能力、②評価を落としてでも、発注者に設計変更や工事再検討を申し入れる気概、③代替の技術・工法を提案できる技術力、④地域の人々に環境配慮の広報や考え方を、積極的に開示・説明すること。地域に根ざした中小建設業者とその社員は、そうした力を持って地域の人々と一緒になり、自然環境と共生共存した持続可能なまちづくりを実現していく使命がある」。

▶▶▶ 営利としての環境配慮型工事

同社は2001年11月に「ISO14001」を取得した。取得にあたっては社内に「業務が増えて、経営上のメリットがないのではないか」という反対意見もあった。社員の雇用、業績の向上を第一に考える山田社長は、社員らと社内にISO取得チームを立ち上げて、約1年間にわたって学習と議論を重ね、外部コンサルタントの力を借りずに認証にこぎつけた。

この結果、社員は自己努力により低コストで目標が達成できることをゲーム感覚で学び、社長自身は学習の成果をISOに関する新聞記事の連載と共著による著作に結びつけたという。「取得時には社内に反対する者はいなくなり、環境に配慮した高品質のものを開発すれば、コストが下がり社会的評価が上がって、公共事業への参入機会が増えるはず」と取得に踏み切った山田社長。「逆に社員たちは環境に配慮した工法の工夫、開発に面白さを感じ

るようになった」

　環境に配慮した同社の工法の一部を具体的に紹介しよう。もともと地域密着、チャレンジ精神旺盛な会社である同社が、ISO14001取得前から過去20年以上にわたって手掛けてきたのが「非開削工法」だ。上下水道やガスなどのパイプラインの内面に特殊ホースを被覆するもので、土木掘削工事を最小限に抑えて行い、環境負荷を軽減している。最近ではスペシャリストが集まった技術部で、都市のインフラ整備に関する多彩な特殊工法を開発している。「パイプスプリッター工法」は既設の鋳鉄管を耐震性のあるポリエチレン管に入れ替える工法。引き込み装置によって道路をほとんど掘削することなく、管を地中に引き込むことができる。

　また「二次元水理解析コンピューターソフトウエア」は、河川に新たな水路が合流する場合の水流を解析するもので、事前にコンピューター上で検討することで、適切な河川工事の計画を精密・迅速に行うことができる。

　建設資材についても環境に配慮したものを使用している。たとえば河川工事等で使う型枠は一般的にはベニア材だが、再使用可能なメタル材を用いている。また工事看板には愛知県が公共事業で推奨する、間伐材を利用したリサイクル資材の「あいくる材」を使用。

　「環境に配慮したまちづくりは、世界がタイムマシンのようなものです。配慮された未来（最先端）の事例が見たければ欧州、韓国。配慮が足りない過去の事例を見たければ中国に行って現状を見れば分かります。日々学び開発することで、同業者との差別化を図り『受け身』から積極的な経営をしていきたい」と山田社長は話す。

　その結果、2008（平成20）年度は売上、収益が前年度を大きく上回った。「時代の追い風」もある。「まじめに取り組んできたことを社会から褒められた気分です」と山田社長は言う。ただ、応札金額以外に地域貢献や技術提案などを評価ポイントとして、総合的評価で落札者を決定する「総合評価落札方式」の入札が増えてきたが、その評価システムはまだ不十分と山田社長は考える。「アリバイ的に河川清掃をした企業も、当社のように新工法を開発するなど、積極的に環境問題に取り組む企業も、与えられる評価ポイントは同じ。環境保全のためには、政治の力で仕組みを変えないといけない」と話す。「た

とえば、ドイツでは緑化した駐車場の税率を下げている。このように結果的に環境保全となる方向を、市民が選択する政策を、政治の力でつくるべきだ」という。

その意味で生物多様性条約第10回締約国会議（COP10）には期待をし、ビジネスチャンスととらえている。「当社の市場は公共空間。COP10を機に、そこでの再配分（車道と歩道の広さの交換や河川の自然護岸化など）の機運が高まれば、当社の技術を提案する機会も増えるだろう」。目標とする「受け身体質の建設会社」から「提案力のある建設会社」へのより一層の脱皮が図れるというわけだ。

▶▶▶ 中小企業の社会貢献は社長自らが動け

「環境パートナーシップ・クラブ」や「なごや環境大学」への出前授業・運営、リフォーム部門のビジネスパートナーである㈱INAXとの海上の森間伐体験など、同社はボランティア活動を積極的に展開している。また、なごや環境大学の受講生として参加した女性を社員として採用し、CSR活動分野でのエキスパートとして育てる方向だ。

しかし山田社長は「中小企業のボランティア活動に営利を離れたものはない」と考えている。「当社の出前授業なども、時間はかかっても営利に結びついていくはずと信じている。きれいごとではなくビジネスのための活動です」と話す。

そして環境・CSR活動を行おうとする企業には、次のようなアドバイスを送る。

「中小企業では、社長自らがやらないといけない。独立したセクションを作ると経費がかかり、社内に抵抗が出る。普段働いている社員にやらせるのではなく、彼らに食わせてもらっている社長が、社員のためにやることです。そして活動内容は、自社の強みや社長のこだわりに基づいて考えること。社外活動は、自社の強みを積極的に発信する機会ととらえることです。活動にあたっては課題も出てくる。そこで社長が頑張れば、社内に活気が生まれる。金はかからないので中小企業こそ、環境・CSR活動をすべきですね」

（文責：長坂）

CASE 2 太陽光発電の"おひさま幼稚園"

学校法人藤学園　港北幼稚園

Profile
法　人　名●学校法人藤学園　港北幼稚園
所　在　地●〒455-0075　愛知県名古屋市港区正徳町5丁目135
設　　　立●1951年9月
園　　　長●加藤正夫　　職　員●12名(うち女性11名)　　園　児●194名
HP　　　●http://www.aichishiyo.or.jp/en/minato/kouhoku/
取材協力●園長　加藤正夫氏

　2000(平成12)年2月に、初めて園児の送迎バスを導入した際「天然ガス」車を採用し、2009(平成21)年8月には「太陽光発電」ソーラーパネルを設置するなど、多彩なエコ活動を率先して行い、名古屋市から「名古屋市エコ事業所」として認定され、2010(平成22)年2月4日には「第3回名古屋市エコ事業所・優秀賞」の表彰を受けた港北幼稚園。「創設者の父の"もったいない"精神を受け継いだのと、私が根っからの環境大好き人間だったから」と加藤正夫園長は柔和な笑顔を見せた。

▶▶▶ **始まりは天然ガス燃料の送迎バス**

　「当園が送迎バスを導入したのは、他の園と比べて遅く、10年前ですよ。1951(昭和26)年に開園した父が元中学校の国語教師だったこともあって、『自然を感じながら、歩いて通うこじんまりした園でいい』という考えでしたので、他園が昭和40年代頃から送迎バスを導入しても、分団通園の方針は変わりませんでした」と加藤園長は当時を振り返る。

　だが、社会の交通事情の変化は激しくなり、隣地を購入した加藤園長は「子どもたちを安心・安全に、名古屋港(港区)やプラネタリウムのある科学館(中区)などに連れて行ってやりたい。それにはバスがあったら…」と思うようになり、"準備作段階"として大型運転免許も取得した。

　ちょうどその頃、名古屋市も環境問題に取り組む姿勢を見せ、天然ガス使用車またはハイブリッド車には(車両代を除いて)改造費を出す「エコチャ

イルド事業」を表明。そのタイミングが合い事業参加を名乗り出て、天然ガスを燃料にした送迎バスを導入。

「名古屋市では当園ともう一つの園が第1号車でした。おかげで通園範囲も広がり、園児数も100名足らずだったのが増加に転じました」と加藤園長。

4年後には名古屋市が認定する「なごやエコキッズ認定園」（私立幼稚園4園のうちの1つ）に選ばれ、さらに2005（平成17）年2月に「あいち自動車エコ事業所」に、同年8月には「名古屋市認定エコ事業所」に、幼稚園として初めて認定された。

その頃にはバスも2台に増え、納車の時にはディーゼルバスのマフラーから出る"黒い煙"と、天然ガスバスのマフラーから出る"白い蒸気"を園児たちに見せ、大きな違いを身近に感じてもらう環境教育も行った。

▶▶▶ 開園時からエコ派

「エコ事業所」認定には天然ガスのバス採用も大きな要素ではあったが、そればかりではない。「日常の買い回り商品に付いているベルマークの回収を1970（昭和45）年以来40年間続けており、1994（平成6）年には100万点達成記念メダルをいただきました。現在、162万点に達しました。また、2005（平成17）年3月〜9月の愛・地球博の頃に話題になった『もったいないばあさん』の絵本や、名古屋市職員の森本さんが作詞作曲のエコソング『みんなでへらそうCO_2』や『おいしくのんでリサイクル』などを園児たちに紹介して、歌ったり踊ったりしていました」と加藤園長は付け加える。

「だから、燃えるごみ・燃えないごみなど、ごみの分別や、使わない電気を消す、歯磨き時に水を出しっぱなしにしないなど、生活習慣は身に付いたと思います。家でも実行しますから、親御さんから『通園するようになって変わりました』『子どもから教えられました』という声を聞くこともあります」と続ける。

また、トイレットペーパーの軸や空き箱など廃物利用の工作や、園の北300mにある広さ1aほどの畑でミニトマト、トウモロコシ、サツマイモやジャガイモなどを作って収穫する"自然体験"も伝統的に行っており、園の運動場でも朝顔、ヒマワリ栽培や虫探し、小動物（ウサギ、シマリス、亀など）

加藤正夫園長

の飼育も実施。

　「夏の"お泊り保育"にはミニトマト、秋の芋掘りにはサツマイモ、冬にはジャガイモを収穫し、サラダや蒸し芋で食べます。『アッ芽が出た！』『花が咲いた！』と歓声を上げたり、泥落しの水作業など、家では経験できない"体験"も味わうことができますね」と目を細める。

　近年では園舎の玄関脇にインクカートリッジ回収箱や、ペットボトルのキャップ入れがあり、いつでも入れられる。

　「保護者が送迎時に持参する場合が多いのですが、1個のキャップを握り締めて持ってくる園児もいます。また45ℓのごみ袋を満杯にして、1〜2袋も持ってきてくれる保護者もいて、凄いです。キャップはまとめて名古屋の取りまとめ業者へ持っていくのですが、最終的には横浜のセンターに送ると、ポリオワクチンとして海外へ送られるそうです。これまでに10万個以上になりました」と説明。エコキャップと呼ばれる運動で、800個で20円になり、ポリオワクチン1人分が購入できるという。また、環境雑誌からの取材を受けることもあった。

　同園ではこういった活動を保護者へ手紙などでお願いしているが、強制ではないので自発的な協力で成り立っている。「ただ、子ども同士で"ボク持ってきたよ"などと言い合いますから、間接的に親も影響されることはあるか

もしれません」と補足する。

▶▶▶ きっかけは一本の電話

そして、同園は昨年夏から太陽光発電を始めた。「前々から興味があったのですが、一本の電話がきっかけで実施することになったんです」と加藤園長。

「環境に力を入れている幼稚園」という評判を聞いた取り扱い業者の営業マンが掛けてきたもので、「営業マンの人柄が温かそうだったので、詳しい説明を聞いた」と加藤園長。

1,000万円と費用はかかったが、NEDO（独立行政法人新エネルギー・産業技術総合開発機構）から3分の1の補助があり、採用に踏み切ったという。

2階建て園舎の屋上にパネル（幅0.9m、横1.8m）48枚を設置した。広さはおよそ24坪分だ。「これでほぼ本館園舎の電力はまかなえます。もう一つの西館までは無理ですが。ただ、何年で元が取れる？とか、後で余った電気は売れる？とか言いますが、そういう考えではできません。園児たちが大好きな"おひさま"で電気ができ、そして電気が点く、というパネルなので、『晴れるといいなあ！』という気持ちを感じてもらいたかったんです」ときっぱり。

園児たちがいつでも見られるように、園庭に1枚のパネルが設置してあり、数値のみの電光掲示板も設置。モニターの液晶画面では、ソーラーパネルの説明や太陽光の強さによって10個のランプが点灯する映像が放映されている。雨の日でも1～2個のランプが点滅し作動していることが分かる。「園児はおひさまの恵みがあることを喜びますね」

最近では「おひさまエコ幼稚園」をアピールしている同園だが、最後に加藤園長は「今では、どこの園でも環境とかエコは意識していると思います。うちは"もったいない"精神で昔からやってきたんですが、少子化で難しいこれからの世の中、改めて力を入れるとすると"食育"ですかねえ」と表情を引き締めた。

（文責：鬼頭）

CASE 3 人と自然が共生する社会環境の創造

株式会社創建

> **Profile**
> 社　　名●株式会社創建
> 所 在 地●名古屋本店　名古屋市熱田区新尾頭1丁目10−1
> 　　　　　東京本社　東京都港区虎ノ門1丁目12−15
> 設　　立●1971年10月　　　資 本 金●1億2,000万円
> 代表取締役社長●筒井信之　　従業員数●76名(うち女性14名)
> 事業内容●シンクタンク、都市・地域計画、環境創生、空間デザイン、土木設計
> HP●http://www.soken.co.jp/index.html
> 取材協力●代表取締役総務部長　関原康成氏

「世の中の基を創る」「基本姿勢は楽創」など、格調高い社是を掲げる株式会社創建は、①「シンクタンク」②「都市・地域計画」から③「土木設計」④「環境創生」⑤「空間デザイン」まで幅広い事業を手掛ける。十数年前から今でいうCSRセミナーを開き、多くの大学の研究者らとも連携し、研究発表なども活発に行う地域づくりシンクタンクで、「人と自然が共生する社会環境の創造」を目指し、2010（平成22）年に名古屋市で開催される生物多様性条約第10回締約国会議（COP10）に向けた貢献にも意欲的だ。

▶▶▶「世の中の基をつくる」

　1971（昭和46）年創業の㈱創建は、元々は道路や橋梁の設計を行う建設コンサルタント会社だったが、公共事業が縮小に向かう時代、"どういう強みを発揮できるか"を考えたときに、環境問題や環境影響評価に関わっていた関係から、筒井信之社長が「持続可能な社会への対応」にベクトルを向けたという。
　そして、世の中の基をつくるための現在の事業領域は、前述の5分野にわたっている。その基本姿勢は「楽創する」ことで、同社の説明によれば「多種多才な仕事師たちが、あたかも交響楽を奏でるかのごとく、それぞれの知恵や技術を協働して発揮し、新たな価値を独自に創り上げるために熱く燃え

る様」のことだという。

環境対応では10年以上前から屋上緑化に取り組み、同社ビル屋上に庭園を作り、顧客への対応も計画的・実践的に行った。1996（平成8）年から「創建セミナー」と銘打った顧客サービス及び社員教育向けのセミナーを始めた。「セミナーはテーマごとに数人の専門家に講師をお願いして社員が司会をし、その後ディスカッションを行うという方式。社員は事前にテーマ設定や講師選定をすることにより、自分たちの先端領域の勉強が必要となり、さらに他部門のテーマに対して別の視点から発言する機会も生まれます。絶えず研鑽が必要になり、お客様とのコミュニケーション能力もつきます」と同社の取締役総務部長関原康成さんは言う。ちなみに同社社員76人のうち大学院出身者は29人と高学歴者が多いのも特徴だ。

数年前から壁面緑化や太陽光・風力発電の設置、1年前からは屋根に高反射塗料を塗布するなど、ヒートアイランド対策を社屋で実験的に導入している。いずれも、低炭素時代対応に舵を切った筒井社長の意向が大きかったことは言うまでもない。

▶▶▶ 活発なセミナー活動

2007（平成19）年から、創業35周年事業の一環として、環境をテーマにした CSR セミナーを1年半で12回というペースで集中的に実施し、2009（平成21）年4月『新次元・環境創生』というタイトルの本にとりまとめて出版した。第一部「環境を基にこの国の形を創る」、第二部「サステイナブルをキーワードとして」、第三部「今から始まる新次元の環境創生」とあるように、壮大で多方面にわたっている。

内容を見ると「多自然川づくりの課題と生態系」「エコロジカル・ネットワークとエコブリッジ」「森林管理とバイオリージョン」など、自然環境分野から「コンパクトシティを実現するために」「次世代に残す都市交通とは」「サステイナブルな自動車交通の実現に向けて」「景観がつくる人とまち」「木造

建築の伝統と革新」など、都市論・建築技法に至るテーマで発表・報告・討議を行い、さらに自治体経営の在り方、学会からの発信、愛知・名古屋からの発信と、総合的で多岐にわたり、かなりの情報量となっている。

報告や討議への参加者も、東京大学、名古屋大学など幅広い大学研究者を中心に、自治体、経済団体、NPO団体幹部まで多彩。「半歩先から、かなり先のものまでの新分野や進むべき方向を指し示しており、外部に向けての情報発信効果は高いと思います」と関原さんは語る。

一方、具体的には環境配慮商品として「間伐材を利用したトラス部材」を2005（平成17）年、愛・地球博での休憩所に使用してデビューさせ、簡易コテージやイベントの仮設舞台用に販売している。「三角形を組み合わせた構造のトラス部材は、ジョイント金具についての特許を当社が取得しており、販売は別会社で行っています。解体しやすく、別のものへの造り変えも容易で、タワーや橋にも応用が可能です」と関原さん。

また環境省の環境に配慮した小学校改築事業にも参画し、愛知県豊田市内の小学校の改築計画に携っている。校舎のエネルギー消費を削減する改築で「児童への環境教育を事業の進行に合わせて」行っているそうだ。環境省の同事業は、毎年全国で数ヶ所行っており、豊田市は2009年度事業で、実験的に環境授業も実施している。同社は検討段階の改築ワーキング委員会から参加しており、コーディネーター役を担っている。

外部の社会貢献も活発で、モンゴルにどんぐりを植える「NPO法人どんぐりモンゴリ」への支援も8年ほど前から実施。当初は文字通りモンゴルにどんぐりを植える活動だったが、最近では日本国内の小学校や各団体の参加により、牛乳パックに土を入れて苗木を育て、それを山間地に植える活動も授業や講演会、イベントを通じて実施している。

▶▶▶「流域環境圏」「山里クリエイティブ・コモンズ」も提唱

2009（平成21）年9月にはCOP10パートナーシップ事業として「流域環境圏を基にこの国の形を創る」と題したシンポジウムを名古屋市内のホテルで開催した。「流域環境圏」とは筒井社長が提案している"道州制の新しい形"であり、日本を河川の流域を中心にした18の州に分けて発想、運営しようと

シンポジウム

いう考え。同シンポジウム実行委員長の名古屋大学・大学院教授の林良嗣氏も「次世代までに、自然の懐に抱かれるような人間社会に社会システムを再設計する必要が来る」などと訴えた。2回目は2010(平成22)年2月に東京で開催された。また、筒井社長は「大きな構造変換は避けられない」として、計2,000万人を都市から山里へ移動させ、居住させる「山里クリエイティブ・コモンズ構想」も提唱。二酸化炭素の半分以上は家庭から排出されており、都市生活をしていては、大幅削減は難しい。自然エネルギーを有効利用できる各地の山里に、国土の環境保全に繋がる新たな産業クラスターを形成し、そこに多くの人々が主体的に住みたくなるような地域社会を形成、人口を移動させるという大胆な発想だ。「そうしないと中山間地の過疎化・荒廃は防げないし、生物多様性も保全されないでしょう」と関原さんは訴える。

温暖化対策など環境への世界規模の取り組みは本格化し、2010年には名古屋でCOP10が開催されるが、盛り上がりに欠けるし、生物多様性などの理解もまだまだだ。

「環境重視の政策はそのまま当社の業務拡大につながります。『この業界は厳しい』と言って何もしないと衰退してしまう。新しい方向性を打ち出し、前進しないと企業は生き残れません。いかに社会を啓蒙していくかが我々のビジネスにもつながるのです。COP10がいい機会になれば」と話す。

CSRについては「企業の責任として何かやるではなくて、それをやることによって企業がどう変わっていくのかがないとCSRになりません。逆に言えば、自分たちの実になる、業態転換に繋がるようなCSRでないと生き残っていけません」と厳しい判断を示している。　　　　（文責：鬼頭）

CASE 4 徹底した地域密着主義を背景に環境貢献活動

中日信用金庫

Profile
- 社　　名　●　中日信用金庫　本店
- 所 在 地　●　愛知県名古屋市北区清水2丁目9－5
- 設　　立　●　1952年1月　　資 本 金　●　3億2,500万円
- 理 事 長　●　大島国康　　　従業員数　●　253名（うち女性86名）
- 事業内容　●　預金、個人向けローン、公共債、保険、
　　　　　　　　WEBバンキング（個人・法人）年金相談等
- HP　●　http://www.shinkin.co.jp/chunichi/
- 取材協力　●　営業推進部理事　部長　　　萩野伸次氏
　　　　　　　　業務統括部　　　副部長　　冨田　勝氏
　　　　　　　　業務統括部　　　部長代理　五十川裕紀氏

「チーム・マイナス6％」への参加や、生物多様性実行委員会への寄付支援を愛知県内の民間企業の中で一番初めに行うなど、この地域で環境貢献活動を先駆的に取り組んでいる中日信用金庫。

また、愛・地球博の理念の継承をコンセプトに、2006（平成18）年10月には西春支店を太陽光発電や風力発電で電力の一部を賄う環境配慮型のエコ店舗に建て替えた。

信用金庫の中で決して大手とは言えない中日信用金庫が、環境貢献活動の旗振り役となれる理由は、その原動力やモチベーション、仕組みについて、営業推進部部長萩野伸次さん、業務統括部副部長冨田勝さん、業務統括部長代理五十川裕紀さんの3名に伺った。

▶▶▶ **環境貢献活動の推進体制**

中日信用金庫の店舗では、夏になると手づくりのポスターと団扇、冬になると膝掛けやツボ押しグッズが並ぶ。温暖化防止活動である「チーム・マイナス6％」に、県内信用金庫で最初に取り組んだクールビズ、ウォームビズの恒例の風景である。

このような取り組みの担い手は？と尋ねると、「環境貢献活動の原動力は女性社員が中心となり、さまざまなアイデアを実行し、店舗ごとの取り組みを社内報で情報交換することにより、各店舗が刺激し合いながら取り組んで

36

います」。しかし、いくら環境意識の高まっている昨今でも「涼しくない店舗にクレームをつけるお客様もいる」と萩野さん。

このことから、来店者の環境貢献活動の周知には力を入れざるを得ない。店内には色とりどりの手づくり掲示板・ポスター・特設コーナーが並ぶ。一つの例として、来店者に環境貢献活動への協力をお願いする手書きのボードがある。ボードには「ゴミの減量に取り組んでいます。封筒が不要のお客さまはお申しつけください」と書かれている。来店者の環境貢献意識を高めていくことで、同金庫は、より環境貢献活動を推進しやすくなる。

「サービス業において、環境貢献活動を推進するには、お客様の理解が進むことが重要」と、萩野さんは環境貢献活動の推進の難しさを語った。

その一つの現れとして、来店者への景品には、古紙をリサイクルして作ったボールペンを配布している。プラスチックのボールペンよりリサイクルボールペンの方がずっとコスト高ではあるが、お客様とともに環境貢献活動を推進しようとする中日信用金庫の意識の高さが伺われる。

▶▶▶ オリジナルステッカーによるエコドライブの推進

中日信用金庫の環境貢献活動は、店舗内だけに留まらない。同金庫ではエコドライブ推奨のために、エコドライブ10ヶ条を作成し、自金庫オリジナルステッカーを製作。自動車通勤者の車や会社の営業車に貼っている。

しかしその効果については、「9割の職員が電車通勤のため、大した環境貢献活動にはならないかもしれませんが」と照れながら笑われた。

▶▶▶ エコ店舗への建替え

2006（平成18）年10月、名古屋鉄道小牧線・西春駅の西土地区画整理事業に伴い、西春支店を全面的に建て替えることにした。建て替えのコンセプトは、建て替えの前年度に成功裡に終わった愛・地球博の「環境との共生」の

理念を継承しつつ、「人と環境に優しい店舗」と設定した。

そして、屋上に太陽光発電池パネルを設置し（面積71.5㎡）、晴天時には60KW/hを発電。屋外には3枚羽根のプロペラ型風力発電機を備え、ATM、室内照明、駐車場の照明の電力を賄っている。これらにより、削減されたCO_2量は店内の掲示板で表示されており、来店者への認知に努めている。また、博覧会会場で使用されていたレンガなどの建築資材をリユースし、同博覧会で注目を浴びた「壁面緑化」を駐車場に施し、CO_2削減、省エネなどに配慮した「エコ店舗」となっている。

中日信用金庫　西春支店

この店舗で掲げるもう一つのコンセプトである「人に優しい店舗」として、同金庫として初めてとなる生体認証方式の自動搬送式「貸金庫」を設置。セキュリティーを従来方式よりも一段と高めた。また、職員は全員「サービス介助士2級」の資格を取得しているほか、段差のないフロアづくりなどバリアフリーにも取り組んでいる。

▶▶▶ 環境にやさしい金融商品の開発

中日信用金庫では、環境に優しい車の購入に必要なローンについて優遇金利を適用する「環境」を切り口とした金融商品を拡充させている。環境配慮型の車購入時に優遇金利となる金融商品は、他社でもいくつか取り組んでいるが、同金庫の商品の一つである「『生物多様性について考えてみませんか』定期」は、他社にはない特徴的な金融商品である。

「『生物多様性について考えてみませんか』定期」は、名古屋市で2010（平

成22)年10月に生物多様性条約第10回締約国会議（COP10）が開催されるのを応援するため、「より多くの人が生物多様性・COP10という聞きなれない言葉や、その内容についての理解を深めるきっかけになれば」という思いから生まれた。

募集金額は20億円で、そのうち0.01％がCOP10支援実行委員会へ寄付される。寄付金は全額同金庫が負担するため、負担は大きくなるが、この商品開発の動機としては「主旨に共感できる会議を少しでも応援したいという気持ちから」と萩野さん。2009（平成21）年5月から取り扱いを開始し、反応は上々で遠方からの来店もあった。「生物多様性のことを知っていただくきっかけづくりという目的は達成されたと感じています」と、冨田さんは顔をほころばせながらこの商品の意義について語った。この定期預金Ａ４判のチラシの裏面には、生物多用性の説明やその重要性、生物多様性保全のために日常的に取り組める活動などが解説されている。金融商品を購入した顧客のみならず、チラシを手に取っただけの人も、生物多様性について理解を深めることが出来るようになっていた。

COP10支援実行委員会への寄付金は民間企業の中で一番早く、同委員会より感謝状が贈られた。「寄付金の額が後から寄付をされた大手企業とは桁はずれに少なかったため、お恥ずかしい話ですが」と苦笑い。しかし、中日信用金庫が先駆けて寄付金を行ったことで、企業や社会がCOP10への注目度を高めたことは確かだろう。

▶▶▶ 地域密着主義と身の丈にあった環境貢献活動

さまざまな環境貢献活動に取り組んでいる一番の動機は「いいことをしているという達成感ですね」と萩野さん。また、取り組みのコツは「無理はしないように身の丈にあった活動を続けているだけです」と、あくまで謙虚に活動を受け止めている。

中日信用金庫の地域貢献活動は、ちゅうしんホールでの「グリーンコンサート」による地域の音楽家の発掘・育成など、まだまだ紹介しきれない。今後も地域密着型の信用金庫として、さまざまな環境・地域貢献活動を展開するパイオニアであり続けるだろうと感じた。　　　　　　　（文責：長谷川）

CASE 5 独自のエコポイント制度で家族も巻き込む

前田バルブ工業株式会社

Profile
社　　名●前田バルブ工業株式会社
所 在 地●〒455-0027　愛知県名古屋市港区船見町29-1
設　　立●1956年12月　　資 本 金●1億円
代表取締役社長●前田康雄　　従業員数●75名（うち女性25名）
事業内容●水道用バルブおよび継手製造販売
　　　　　防災設備、消防設備の販売、点検および施工
HP●http://www.mvk.co.jp/
取材協力●業務管理部　前田崇統氏

　従業員がアルミ缶や古着、古切手などを家庭から回収するとポイントがたまり、好きな商品と交換できる「MVK（前田バルブ工業）エコポイント制度」を社内でルール化、従業員の家族を巻き込んで環境問題に取り組むユニークな会社がある。前田バルブ工業株式会社は、これ以外にもさまざまな形で独自に環境問題に取り組むとともに、「ものづくり」現場での後継者育成を行っている。

▶▶▶ きっかけは「砂漠緑化」

　同社は1946（昭和21）年6月に名古屋市中川区で創業。2003（平成15）年に「ISO14001」認証を取得した。環境に配慮した鉛レスの素材を使った製品を本格的に製造、生産ラインを変えるために2005（平成17）年、同市港区に本社・工場を移転した。新工場は天然光を取り入れる設計にして「照明レス」を可能にするなど、本業で環境問題に積極的に取り組んでいる。

　一方で環境・CSR活動として2003（平成15）年から、世界の砂漠に植物の種をまく活動をしていたNPOに協力するため、社内で従業員に種集めを呼びかけた。家庭で生ゴミとして捨てられている植物の種を、従業員、その家族、友人や近隣住民に協力してもらって集め、地域社会を巻き込んで環境問題に取り組もうという試みだった。「環境・CSR活動は従業員だけでなく家族を巻き込んで、家族に喜んでもらえるイベントを、というのが社長の方針

でした」と取締役業務管理部の前田崇統部長。

種集めには従業員延べ614人が参加、4,737gの種を回収した。2005（平成17）年に海外への種の持ち込みができなくなったため、この事業は中止となったが、これに代わる環境・CSR活動として2006（平成18）年4月からスタートしたのが「MVK（前田バルブ工業）エコポイント制度」だ。種に代わって家庭で不要になった資源を回収する制度で、同制度には種集めの教訓が生かされた。

「種集めは、たくさん回収してくれる人もいれば、してくれない人もいました。こうした事業はやった人を評価するシステムが必要だと痛感しました」とMVKエコポイント制度の発案者の前田部長は振り返る。前田部長は「回収には個人差が生まれる」という種集めの教訓から、ポイント制とそれに伴う「評価」として商品の提供を制度化した。

従業員は社内に設置された3R（リサイクル、リユース、リデュース）置き場（現・リサイクルステーション）に家庭から回収した資源を持ち込む。回収資源に応じてポイントが決められており、積み重ねたポイント数（2,000～1万ポイント）に応じて、従業員はカタログギフトの商品から好きな物を選べるというシステムだ。

「資源回収に参加すると形（商品）になって返ってくれば、参加者は増えるはず。会社としてはカタログ商品を提供することで一時的な出費になりますが、環境問題に取り組む社員・家族の意識向上、社会貢献、社外からの評価を得ることができる」と前田部長は話す。

アルミ缶回収

▶▶▶「制度改革」で参加率アップ

対象となる回収資源とポイントの一例を示そう。

①アルミ缶＝1缶1ポイント、②古着＝1枚5ポイント、③書き損じはがき＝1枚30ポイント、④ベルマーク＝1点1.5ポイント

アルミ缶は産業廃棄物として現金化、これを敷地内の緑化資金としている。古着は素材に応じて①リース業者に頼っていた社内ウエス（機械の油拭きなどに使用）としリース代を節約、②年1回、社内バザーを開き出品、③名古屋市指定業者を通じて海外に提供。はがき、ベルマークは中部善意銀行に預託し、社会福祉やアジア医療援助に活用されている。
　確かな戦略に基づく「MVK（前田バルブ工業）エコポイント制度」と思われたが、スタート時は参加率が上がらなかった。思案した前田部長はスタートから半年後、制度改革をした。
　まず、個人の参加率と獲得ポイントや部署ごとの参加率をグラフにして、毎月初めに従業員が最も閲覧しやすい掲示板に掲示するようにした。そして「出勤ポイント」として、月に15日以上出勤すれば自動的に50ポイントを獲得できるようにした。この「作戦」は効果満点だった。
　ポイントが貼り出されたことで従業員たちは自らの活動がしっかりと管理されていることを知った。また参加していなかった従業員も出勤ポイントによってポイントが加算されていることで「資源回収に参加してもっとポイントを上げていけば、ほしいカタログ商品と交換ができる」とやる気になった。従業員らのモチベーションが向上して、参加率は急速に伸び、出勤ポイント以外の参加率は現在、毎月98～100％（役員含め全社員は75名）で推移している。

▶▶▶ **評価されたエコ活動**

　「MVKエコポイント制度」以外にも、ISO14001取得企業として同社は環境保全に日常的、積極的に取り組んでいる。
　【グリーン購買活動】ガイドラインを設けて、物品を購入する際に、廃棄物の発生を抑えるため環境に配慮した物品を優先して選択、できる限り長期使用、再使用する。同社のホームページでは「チェックリスト」などを公表している。
　【省エネルギー活動】職場の電源スイッチに照明場所を表示し、間違えて照明をつけてしまわないように配慮。エアコンスイッチには「冷房時28℃以上」「暖房時18℃以下」と適温数値を表示して過剰設定の撲滅を図っている。

工場の4ヶ所に気流循環装置を設置して、上部に溜まりやすい機械熱を循環させることで暖房（電力）使用を削減、従業員が働きやすい環境にしている。

【アイドリングストップ】従業員は「アイドリングストップ宣言書」にサインして社用車、マイカー通勤の従業員の自家用車に「アイドリングストップ」のステッカーを貼っている。従業員の意識向上とともに市民への啓発効果を図っている。またガソリンの無駄遣いを抑制している。

【クリーンアップ運動】毎年5月、9月に事業所周辺の町道を中心に全従業員による一斉清掃活動を実施。ごみを分別回収している。

こうした環境・CSR活動やエコポイント制度が「もっともユニークな環境への取り組みを行っている会社」として評価されて2008（平成20）年2月には第1回名古屋市エコ事業所特別賞を受賞した。また技術力と環境への取り組みが評価されて同月、「愛知ブランド企業」にも認定された。前田部長は「企業のエコ活動はまず企業のトップや上司が従業員たちに活動しやすい風土、環境をつくることが必要」と話す。

クリーンアップ運動

▶▶▶「ものづくり」の後継者を育成

「ものづくり」の技術を次世代に継承する事業にも2006（平成18）年から参加している。名古屋市工業技術振興協会が実施している「なごやモノづくりカレッジ」のインターンシップ事業への参加だ。毎年、2～3人の高校生を受け入れ。鋳物製造や営業を体験させて、同社の製品がどのように作られて、売られていくのかという「ものづくりの現場」を体験してもらう。社会貢献であると同時に同社へのメリットもある。「当社にとっても、従業員が若い人たちに技術を教えることで、仕事へのモチベーションが上がり、人材採用のための太いパイプができた」と前田部長は話す。　　　　　　（文責：長坂）

CASE 6　19回続く「環境フォーラム」
株式会社エステム

Profile
- 社　　名 ● 株式会社エステム
- 所 在 地 ● 〒457-0821　愛知県名古屋市南区弥次ヱ町2丁目9-1
- 設　　立 ● 1970年7月　　　資 本 金 ● 金7,000万円
- 代表取締役 ● 東口 享　　　従業員数 ● 273名（うち女性70名）
- 業務内容 ● 水処理施設の維持管理ならびに設計・施工監理およびコンサルタント業務
　　　　　　建設設備機器、環境関連機器およびその資材薬品の販売、公害防止機器の輸出入
　　　　　　一般廃棄物、産業廃棄物の収集運搬および処理処分再生業務
　　　　　　労働者派遣事業法に基づく特定労働者派遣事業
- HP ● http://www.stem.co.jp/
- 取材協力 ● 環境・品質管理室　目加田路子氏

　株式会社エステムには、代表的な独自の環境行事「環境フォーラム」の開催と、清掃ボランティアや国内外の緑化ボランティアへの参加など、社員の自主的な活動を行うことのできる環境が整っている。
　「水」という、人間にとって最も身近な事業を行う株式会社エステムにとって、環境問題への意識と行動は、切っても切れない関係である。「株式会社エステムは水を中心とする環境文化と、安全で快適な自然環境の創造を通じて社会に貢献します」と経営理念に環境に関する事項を掲げ、日々着実に企業活動を遂行することが社会・環境に対するCSRであるとしている。
　その源にあるものとは何か？と疑問を追っていった先にあったのは、経営者の熱意と理解、そして社員一人ひとりの高い環境意識の存在であった。

▶▶▶ 一人ひとりに生きた環境意識が充実した「環境人」をつくる

　環境フォーラムは「水を中心とする環境保全事業を通じて社会に貢献する」という企業理念の一貫として、1991（平成3）年より毎年、環境月間である6月の第1金曜日に開催されている。「環境フォーラム」の特徴は、企画から運営まで、すべてが入社1〜5年程度の若手社員に委ねられていることだ。
　このような環境イベントを毎年継続しているという事実が、社員に対し「私たちは環境を守る仕事をしている！」という自負と誇りを与えていることは

間違いない。そして企画・運営のプロセス自体が社員教育としての一面をもつのだ。

　19回目となる2009（平成21）年は「青いダイヤ～水の可能性と私たちの未来～」をメインテーマに、東京大学生産技術研究所教授の沖大幹氏とグローバルウォータ・ジャパン代表の吉村和就氏を講師に招き、講演会と座談会を実施した。そこでは、「水問題」の持つ複雑な構造（地域性、時間、他の環境問題・政治問題・人権問題などとの絡み）を来場者に分かりやすく伝え、より身近な問題として考えてほしいという願いを込めて行われた。フォーラム当日は、お客様や学生、一般の方など382名の来場者とともに、水を通して環境問題について理解を深めた。

　2006（平成18）年からは、なごや環境大学の共育講座としても登録しており、楽しみにしている人が増えている。また、情報発信の新たな手段として、2008（平成20）年より「エステム LEAF メールマガジン」を希望者に配信している。環境情報だけでなく、社員が個人的に取り組むボランティアレポートや、環境に対する"こだわり"も取り上げられているのが特徴で、社内コミュニケーションの役割も担っている。

　同社は毎年、内定者に入社前の通信教育を実施。この通信教育では、内定者同士がパートナーとなり、一般常識、職場のケーススタディ、環境問題等の課題に協力して取り組むという特徴がある。また新入社員を対象に、「環境教育」を実施。今年は「環境フォーラムの企画・提案」を行った。「半日は講義、半日はお客様とともに植林する」「環境問題のウソとホント」「来場者を巻き込んだ大討論会をする」「フォーラム概要をプリントした期間限定作業着を着て宣伝する」など、新入社員ならではの個性的な提案があふれた。

　同社の主な仕事は「水処理施設の維持管理」だが、新入社員はこの教育を通して、それだけに留まらず「環境を守る会社に入社したのだ」という意識づけがなされる。「社会的存在意義の理解が自然と浸透し、新人同士のコミュニケーションづくりの場としても大変役立っている」と環境・品質管理室の日加田路子さんは話す。

　そして、これらの教育によって生まれた「環境意識」や「ボランティアマインド」は社内の枠を超えて、周辺地域から世界へと大きな広がりを見せて

いる。

▶▶▶ エステムから、世界へ

　充実した社員環境教育は、広範囲にその影響を与えている。そこで、2つのボランティア制度について紹介しよう。

　ひとつ目は、社員による清掃ボランティアである。1990（平成2）年から毎週火曜日の朝礼後に、本社周辺の環境整備をするため、社員がゴミや空き缶拾いをしている。これとは別に、1999（平成11）年から「地域清掃ボランティア」が始まり、毎月1回20名程度の社員が自主的に参加し、最寄り駅周辺までに範囲を広げて清掃活動を行っている。さらにこの活動は、小牧営業所における地域のお祭りの設営、清掃、撤去活動や、㈱エステム三重の海岸清掃ボランティア、安城浄水事業所・豊田事業所による河川周辺清掃にいたるまで幅広く浸透している。

　2つ目は、社員による、国内外における「緑化活動」である。海外では、タイ・チェンマイ、中国内蒙古自治区。海外ボランティアは年間2～4名、清掃ボランティアや国内ボランティアへの参加状況と3～4年間の仕事ぶりを参考に選考する。今年度はタイ・中国それぞれ2名ずつ参加し、タイではマナオと呼ばれるタイのライムの植樹に参加、中国内蒙古自治区クブチ沙漠では沙漠緑化事業に参加している。

　国内では東三河の新城市「鳳来つげ野の森」での植林。長野県木曽町・福島地区「水源の森林」での育林。国内ボランティアは、希望者は原則全員参加できる。2008（平成20）年10月、東三河の森に11名、2009年4月に25名が参加し、木曾福島の水源の森林づくり活動には7月に29名が参加し、それぞれの森で育林をした。

　タイ・チェンマイの植樹活動に参加した社員の中からは、「私たちにできることは何なのか？　ボランティアの基本について勉強する良い機会にもなりました。今回はタイ、ラオスを訪れ、歴史、文化、経済等日本との違いを学ぶことができ感謝しております。この貴重な経験を今後の自身のボランティア活動に生かし、より環境保全に努めていければと思います」など、活動を通して新たな発見や決意がみられる。

▶▶▶「ISO14001」取得

　約10年前に「ISO14001」（環境マネジメントシステム構築のための国際規格）を取得し、中堅企業においては異例とも言える、環境に関連した「環境・品質管理室」が設置された。

　同社は「ISO14001」の取得以前から「環境」そのものを事業の中心としており、経営者自身の環境に対する問題意識も強い。現在、社内の環境活動として環境負荷低減活動を4つ行っている。

　1つ目は、社有車排出ガス対策（対象：全社）。2つ目は本社ビル電気使用量削減。3つ目はグリーン商品購入と環境配慮について（対象：本社および分析棟、保繕課、制御計装課）。4つ目は廃棄物の100％分別の実施（対象：本社）である。また、営業車には「エコドライブ・ステッカー」を貼り、「愛知県エコドライブメンバーズ」の一員としてPRに貢献している。

▶▶▶「環境モデル企業」として

　同社は"水"という、環境そのものを事業とする中で、経営者の熱意と充実した社員教育という形で、社員に対する社会貢献活動の意識浸透が十分になされている。本業、社員意識、ボランティア活動など、㈱エステムは環境・CSR活動に徹した企業である。そして、活動を行う上でのポイントについて「何と言っても、"経営者の熱意と理解"が一番であり、加えて"継続性"が大切な要素となる。『環境・CSR活動』は、7～8年前から学校の科目に取り上げられ、以前と比べてそういう意識が若い人たちに定着しつつある。これを企業としては、うまく活用すべきだと思う」。

　環境問題への意識と行動は、「『環境負荷低減を考えるとき、環境について悩んだとき、真っ先に名前が浮かぶ会社であり続けたい』という鋤柄修会長が語るように、業界を超えて環境・CSR活動を他社に提案し、協力していく企業でありたい」と目加田さんは抱負を語った。

　今後も「環境モデル企業」として、その活躍を期待したい。（文責：松本）

CASE 7 会社を飛び出し「循環型社会の創造」目指す

東海リソース株式会社

> **Profile**
> 社　　名●東海リソース株式会社
> 所 在 地●〒460-0002　愛知県名古屋市中区丸の内3丁目4－10
> 設　　立●2005年9月　　資 本 金●1,700万円
> 代表取締役社長●村田亮二　　従業員数●11名（うち女性3名）
> 業務内容●畜産用飼料及び有機肥料製造販売、バイオエタノール試験研究製造及び開発
> 　　　　　環境コンサルタント・循環資源再生利用マネージメント
> 　　　　　農業関連事業の構築運営・農業技術指導及び人材育成
> 　　　　　農業及び循環資源広域ネットワークの開発及び運営
> HP●http://www.tokai-resource.jp/
> 取材協力●代表取締役専務　太田克己氏
> 　　　　　総合企画開発室室長　伊藤靖浩氏

「固体発酵法」*によって廃液を出すことなく、食品原料の残渣（残りかす）から家畜飼料・肥料とバイオエタノールを製造している東海リソース株式会社。同社はこの画期的なシステムを企業や研究機関などに広く公開し、学校への出張講座でも社会に還元している。さらに知多半島で産学連携による「地域内循環ビジネス実証事業」にも参画。会社という枠を飛び出して循環型社会の形成を目指している。

＊固体発酵法：高濃度の蒸留廃液（通常液体発酵法で作られ、コストのかかる廃液処理が課題）を排出することなく、蒸留残渣を殺菌乾燥させれば飼料・肥料になるという、低コストで低環境負荷の発酵法。

▶▶▶ 生ゴミはゴミじゃない！

「みなさん、身近な発酵食品を挙げてみてください」

「ヨーグルト！」

「正解」

「ゼリー？」

「不正解」

2008（平成20）年6月、名古屋市内の小学校―。4年生の総合学習の時間に「生ゴミをエネルギーにしよう！　～生ゴミはゴミじゃない！～」と題する授業が行われた。東海リソース㈱の出張講座。「ゴミ博士」として先生を

小学校へ出張講座

務めたのは同社総合企画開発室の伊藤靖浩室長だ。

　授業はまずスライドを使い、発酵によってエタノールのできる仕組みを説明。さらに「発酵食品ってなに？」「１人当たりが出すゴミの量は？」などと児童に質問。身近な事例から「発酵」について学んでいく。続いて学校給食の残りのご飯とコッペパン、食品メーカー提供の馬鈴薯のスライスロスでエタノールの製造実験。馬鈴薯のスライスロスがポテトチップスの原料と聞いた児童たちから、驚きの声が上がる。実験では、ビンの中に食品残渣を入れて酵素剤や酵母と混ぜていく。児童たちは興味津々だった―。

　東海リソース㈱は2005（平成17）年に社団法人・愛知県養豚協会食品残渣利用部会の有志が共同出資して飼料・肥料の製造販売などを目的に設立。「固体発酵法」によって食品残渣（小麦、スターチ、馬鈴薯、菓子くず）から家畜用飼料・肥料とバイオエタノールを製造する方法を東京農業大学と共同研究し、国内で初めて実用化に成功した。

　バイオエタノールは、従来の「液体発酵法」では蒸留終了後に廃液の処理がネックになっていた。「固体発酵法」では、加水せずに発酵させるため廃液を抑制してエタノールを製造、さらに「蒸留残渣」を乾燥処理して飼料・肥料を製造するというシステムだ。2007（平成19）年に愛知県からエコタウンプランの認証を受けて、翌年５月に同県飛島村に「飛島カスケードリサイクルセンター」を建設。大手食品メーカーと提携して、加工残渣などを受け入れ。センターでは、原料１ｔ当たり780kgの飼料・肥料と99％エタノール

49

100ℓを製造できる能力がある。

　日本の家畜用穀物飼料の約9割が輸入に頼っている。しかも原料の主力であるトウモロコシはバイオエタノール製造のために高騰している。こうした中で廃棄物（食品残渣）を利用して、飼料・肥料とエタノールを製造し、しかも製造過程で極力、新たな廃棄物を抑制するという東海リソース㈱の多段的高度再生利用（カスケード・リサイクル）のシステムは業界や行政などから注目を集めている。

飛島カスケードリサイクルセンター見学会

　「配合飼料はトウモロコシの皮などが含まれており、家畜の吸収率は約8割といわれますが、私たちの飼料は発酵過程で酵母菌によって活性化させているので吸収率は100％近い。タンパク質も濃縮されている。エタノールについては、現在あくまでも飼料を作る上での副産物」と同社の太田克己専務。アルコール事業法の試験研究製造の承認の段階であるため販売はできず、自社のボイラーに利用している。しかし今後は販売も視野に入れている。

　「食糧、エネルギーの自給が難しい中で、資源を循環させるシステムを作り出したい。生み出したエタノールは、ガソリンの代替のほかにハウスを温める重油の代替えなどに利用できれば」と太田克己専務は話す。

▶▶▶ 独自技術を社会に還元

　画期的な事業であっても、それを企業秘密としていない。それは愛知県のエコタウンプランに認証されて助成金を受けているためでもあるが、会社の目標が「農業を中心とした企業を創造し、真の循環型社会の形成を推進すること」であるためだ。「我々の取り組みが現段階でベストとは思っていません」と太田専務。確かに価値ある技術を各企業・研究機関がオープンにして、協働していくことが循環型社会形成を促進するに違いない。

社員には前出の伊藤総合企画開発室室長のように大学の元研究者ら専門家が多い。また社員たちのコンプライアンスに関する教育も大切だ。「我々の取り組む事業はさまざまな法律に関係がある。しかも法律が制定されてから学んでいたのでは遅い。そこで農林水産省、環境省、経済産業省などの関連省庁の審議会の段階で議事録を取り寄せて定期的に勉強しています」（太田専務）

　飛島カスケードリサイクルセンターは開設以来、見学者を受け入れている。2009（平成21）年3月までに延べ660人が見学に訪れた。行政、大学、研究機関から酒、味噌、醤油の組合、食品メーカーなどの企業、小中高校生などさまざまだ。

　一方、「今後の日本を背負っていく世代に向けた科学教育」として行っているのが冒頭のような学校への出張講座だ。同年9月現在で、小学校2回、高校2回の出張講座を開催している。これは、センター開設直後に小学校の教師が見学に訪れたことがきっかけとなった。「残飯がバイオエタノールになるということは、児童たちにはカルチャーショックだったようですね。学校外から来た人に教えてもらうこと自体が児童たちには新鮮だったと、小学校からは好評価をいただきました」と伊藤室長は話す。

▶▶▶ 知多半島で産学連携事業

　こうした循環型社会に向けての「啓蒙活動」に加えて、東海リソース㈱は産学連携事業にも積極的に参画している。2009（平成21）年4月に半田市でスタートした「地域内循環ビジネス実証事業」がそれ。経済産業省の委託費と愛知県の予算を活用し、名古屋産業科学研究所、愛知県、名古屋大学、半田市内の農家と連携してバイオマスを生かしたネットワークを形成した。

　半田市の畜産農家の牛の排泄物をメタン発酵処理→発酵後に残る発酵消化液を休耕地の肥料に→休耕地で栽培した作物から東海リソース㈱がバイオエタノールと家畜飼料を製造→飼料で育てた牛をブランド化というサイクルだ。同社の夢はこの事業の国内での水平展開。「農業従事者の確保などリスクもあるが、愛知独自の社会モデルとして広がっていけば」と太田専務は話す。

（文責：長坂）

CASE 8 自然体験を通じて生産者と消費者を結ぶ

株式会社にんじん

Profile
社　　名 ● 株式会社にんじん
所 在 地 ● 〒485-0029　愛知県小牧市中央２丁目246
設　　立 ● 1991年11月　　資 本 金 ● 1,000万円
代表取締役社長 ● 伊勢戸由紀　従業員数 ● 36名（パート24名含む）
事業内容 ● 有機栽培・無農薬栽培農産物・無添加食品の宅配・販売
HP ● http://www.ninjinclub.co.jp/
取材協力 ● 代表取締役社長　伊勢戸由紀氏

　株式会社にんじんは、安心して食べられる地場の農産物・食品を届けるとともに、生産者の活動を伝え、さらに消費者との交流の媒介役でもあり、また健康志向企業との提携、地域・海外との連帯を志している。近く、オーガニックレストランを開店させる予定で、新事業の取り組みにも意欲を燃やしている。

▶▶▶ 五感で味わう農体験・ファームツアーを定期開催

　「私たちは市民運動団体の『中部リサイクル運動市民の会』の食部門が独立したもの。『にんじんCLUB』として活動していましたが、『市民の会』会員以外のメンバーが次第に増え、月商1,000万円くらいになって『それなら企業として独立したほうがベター』という判断で1991（平成３）年、会社が設立されたのです」と、現在社長を務める伊勢戸由紀さんは歯切れ良く話す。
　「だから運動的色彩が強く、消費者と生産者が"顔の見える関係"であることを心掛けており、どちらが欠けても成り立たない両輪関係ですね」と伊勢戸さんは続ける。
　現在、会員は約2,000名。愛知県が中心だが首都圏にも広がっている。月会費420円で、週１回の産直セットと希望した週に頼める「次世代BOX」コース（各2,000円強）と加工品だけを注文できる「カタログ」コースを選ぶ。岐阜県内などの契約農家から、採れたての新鮮で安全な野菜が届けられる。会員でなくても購入できる通販商品も、贈答用に利用されている。

ユニークなのは、使用された包装の段ボール、卵パックなどの回収や、家庭から出る野菜の生ごみを乾燥してもらい、それを回収し、契約生産地の堆肥として利用する取り組みだ。

　一方、岐阜市の生産者の協力を得て、消費者と一緒に年間を通じての畑づくり（農体験）を続けている。約10人で、週末に行って草取り、苗の間引きなどの作業を行うが、月1回（第4土曜）は生産者が来て指導をする。「ナスにとげがあることや、鈴なりのミニトマトに驚く参加者もいます。炭火でご飯を炊き、干した菜っ葉を和えたおにぎりを作り、収穫したばかりの野菜のサラダを食べたりする昼食会も定番。やはり現場を見て体験することは、インパクトが違います」と伊勢戸さん。

　自然環境保護・教育イベントとしても「米作り隊」や「畑ツアー」「果物狩り」などを行っている。「米作り隊」は、希望者を募って愛知県知多半島の田んぼで田植えをしてもらうが、その後、参加した子どもたちに「生き物調査」を依頼。見たこともないアメンボやオタマジャクシを見て調べ、種類や数を書き込む。農薬が使われていない安全性を、身を持って知ることになる。「果物狩り」は収穫だけでなく、例えばリンゴでは摘花の時期に花摘み体験などもしてもらうという。

　またイベントの際、ユニークな「エコゲーム」を実施している。縦横3マス計9マスに○×△□などが記入された用紙を渡し、自然の中でそれに当てはまるモノを見つけ、順番に埋めてもらう。「オクラの断面なら星形。スケー

ルの大きい子は、山の形を△と書いてきた子もいたという。雑木林の中で15分間沈黙して、聞こえる音を探すゲームも。木に耳を当てて聞くなど、「音を発見する努力も面白いですね」と伊勢戸さん。

ファームツアーは毎月平均1ヶ所、年に12〜13回（20数年前から）行っている。家族連れの参加が多く、1回の参加者は数十名から100名ほど。きっかけは「野菜を販売していて、消費者に畑のことをもっと知ってもらいたくて」（伊勢戸さん）だった。「子どもには、特に五感を使って自然相手の営みを体感してもらうことが好評だし大切ですね」と付け加える。

▶▶▶ 時代が追いついてきた元祖・環境派

もうひとつユニークなのは「グリーンピース」の年間会員としての活動。遺伝子組み換え食品を日本が認めた1996（平成8）年、米国で作られた食品が輸入され始めた時期で、遺伝子組み換えに反対していたグリーンピースの活動に共鳴して加盟。製菓会社のチョコレートに遺伝子組み換えの大豆レシチンや油が使われていたため、反対署名を集め、名古屋で集会を持った。若い子も取り付きやすいバレンタインデーの時期に実施。参加した消費者に、安全なチョコレートを試食してもらい、「組み換え食品は食べないほうがいいよ」と訴えた。昨年は、東京で行われた輸入大豆の学習会に参加している。

海外の自然保護活動支援では「森林農法のコーヒーの輸入」もそのひとつ。アマゾンのプランテーションでは、森林の中にコーヒーを植えている。直射日光は不要で、森を残しながら無農薬のコーヒーを育てられる。きっかけは「日本の農産物以外でもバナナ、コーヒー、紅茶なども口にしたい。そこで20年前から安全なフェアトレード食品を探して輸入していますが、コーヒーでは"森林農法"を見つけたのです」と伊勢戸さんの説明。

最近では大手のコーヒーショップのスターバックス、ドトールコーヒーも、価格は高いがオーガニックコーヒーをメニューに揃えている。「コーヒーの味は原料と焙煎技術が半々。フェアトレード商品は小さな焙煎業者が扱っており、腕がいいので味は上々」と伊勢戸さんはアピールする。

▶▶▶ 進む健康志向企業や地域との連携

　最近の活動で目立つのは、㈱デンソーとの連携。数年前から毎月19日に愛知県刈谷市の㈱デンソー本社中庭で農産品を売っているが、2007（平成19）年、㈱デンソーがCSRの視点から行っている「社員が元気になる環境エコ活動」（デコポン制度）の指定業者のひとつに選ばれた。

　「にんじんCLUBにも㈱デンソー社員50名ほど加入していただきましたし、当然、無農薬野菜や弁当購入も増えています」と伊勢戸さんはにっこり。

　地域貢献では、15年前から要請があれば幼稚園から小中学校・PTAなどへ出向き、エコクッキング、無添加食品、有機野菜などの実演・講義を行ってきたが、2000（平成12）年ごろから依頼が増え、2009（平成21年）年3月にはソーシャルビジネスに認定された。「健康志向が高まってきたのか、不安食材が増えたのでしょうか。『無添加食品に興味があって』『家族が癌になって』など、身近なところから切実な声までさまざま。食生活の変化を起こすきっかけになればいいと思っています」と伊勢戸さんは考えている。

　3年前からは、名古屋鉄道小牧線・小牧駅前で、春と秋の毎週土曜日に朝市（午前9時～正午）を開催しているし、毎年秋に市民約1,000人が参加して行われる、小牧市内の大山川の大掃除にも「にんじんCLUB」のゼッケンを着けて加わるなど、地域とつながる活動も活発だ。

　社員は当然、環境や自然への関心は高い。「体が弱く農業に興味があった」という人から、中には「本格的に農業へ突き進んでいった人」もいた。社員教育として、毎年「田植え体験」を行っているが、弁当持参で、おかずを1品多く作ってくることが条件。作業後の食事会でそれをテーブルに出して、みんなで"品評"しながら楽しむ。「達成感もあるし、みんな仲良くなりますね」と伊勢戸さんは言う。

　続けて「2010（平成22）年4月、総合移転する南医療生協病院の敷地内併設（名古屋市緑区大高町）に、新鮮多菜カフェ＆レストラン『にんじん』（席数60）をオープンしました。新事業で課題は多いと思いますが、これまでの経験や思いを生かし、アピールしていきたい」と胸をふくらませた。

（文責：鬼頭）

CASE 9 有機農業を次世代へつなぐ
株式会社愛農流通センター

Profile
社　　名●株式会社愛農流通センター
所 在 地●〒470-0523　愛知県豊田市平畑町東田731
直 売 店●〒468-0052　愛知県名古屋市天白区井口2丁目903
設　　立●1982年4月　　資 本 金●5,000万円
代表取締役●池野雅道　　従業員数●21名（うち女性5名）
事業内容●注文制による宅配業務、直営店における販売、生協・一般小売店等への卸し
HP●http://www.ainou-c.co.jp/index.html
取材協力●代表取締役　池野雅道氏

　株式会社愛農流通センターは、1980（昭和55）年秋に生産者で愛農食品生産組合を結成し、2年後に16名の生産者で各100万円を出資して、市場外流通として安定したルートを確立するとともに、その恩恵を消費者と愛農生産組合員に還元し農家の経営安定に寄与することを目的に設立した。年商は2001年度に9億を超え、現在、宅配会員だけで3,500名、店舗に来店する客数まで含めると、さらに多くの消費者から支持を受けている。その消費者に対し年間15〜20ヶ所で田植え、稲刈り、川遊びなどの体験実習やイベントを実施。環境や有機農業の理解を深めてもらうための啓蒙活動を行い、仲間を増やしている。

▶▶▶ 有機農業の体験実習で環境教育

　体験実習は、宅配注文カタログに折り込みチラシを入れて告知する。社員が企画し、現場活動は生産農家が中心に行う。社員は農家との連絡や当日の司会をし、農家の田畑を使うので、現場に着いてしまえば農家の指導のもと実習が行われる。1回の参加者は子どもを含めて30〜50名程。
　「奥さんだけが、子どもに有機野菜を食べさせたいと思っていても、ご主人の理解がなければやりにくい。子どもには、有機農業で作るとこんなに美味しい作物ができる。有機農業は農薬を使わないから安全で環境に良いことを教え、家族ぐるみで知って貰いたい。だから家族で来ることをお願いしている」と代表の池野雅道さんは言う。
　また、「体験実習は社員にとって農家やお客様とのコミュニケーションの場。

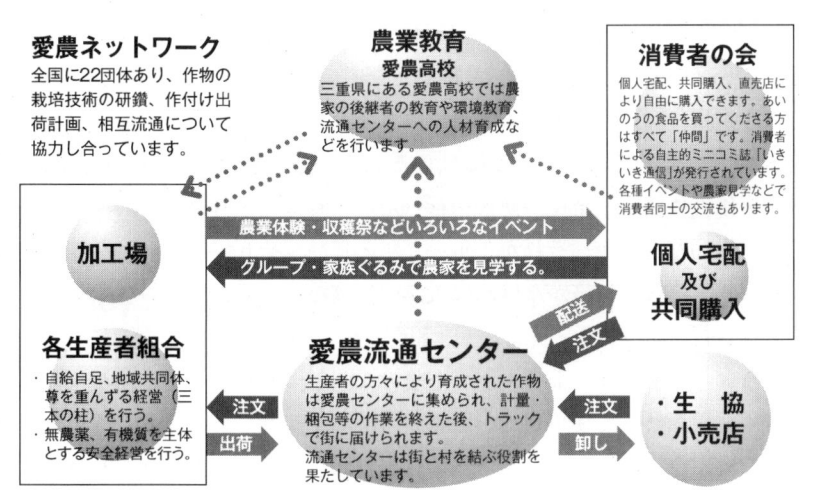

生産者と消費者の顔が見えるシステム

愛農ネットワーク
全国に22団体あり、作物の栽培技術の研鑽、作付け出荷計画、相互流通について協力し合っています。

農業教育 愛農高校
三重県にある愛農高校では農家の後継者の教育や環境教育、流通センターへの人材育成などを行います。

消費者の会
個人宅配、共同購入、直売店により自由に購入できます。あいのうの食品を買ってくださる方はすべて「仲間」です。消費者による自主的ミニコミ誌「いきいき通信」が発行されています。各種イベントや農家見学などで消費者同士の交流もあります。

加工場

農業体験・収穫祭などいろいろなイベント
グループ・家族ぐるみで農家を見学する。

各生産者組合
・自給自足、地域共同体、尊を重んずる経営（三本の柱）を行う。
・無農薬、有機質を主体とする安全経営を行う。

愛農流通センター
生産者の方々により育成された作物は愛センターに集められ、計量・梱包等の作業を終えた後、トラックで街に届けられます。流通センターは街と村を結ぶ役割を果たしています。

個人宅配及び共同購入

・生協
・小売店

配送／注文／注文／卸し／注文／出荷

知識が増え、仕事の意味が解ってくるから、責任が出てくる。そして、年々参加するお客様の数が増え、笑顔が増え、帰る時に『ありがとう』と言われれば、社員のモチベーションも自然に上がる」と池野さん。

愛農が目ざすものは「生産する人と食べる人が『顔の見える関係』、"良い食べ物"を通じて広がってゆく『仲間づくり』をし、農業を通じて『生活環境』を考える」である。

「国が認めている農薬だから、旗振りかざして『止めましょう』と言う事はしませんけど、農薬を使わない私達の主義に賛同してください。一緒にやりませんか。やるなら協力しますよ」と、生産性だけの農業ではなく、有機農業に関心を持ってくれる生産者や消費者の仲間づくりを、有機農業推進法が出来る以前から推進し、有機農業の安全性を広く呼び掛けてきた。

▶▶▶ 人材育成の基礎は愛農高校

㈱愛農流通センターのホームページに、愛農学園農業高等学校（愛農高校：三重県伊賀市1963（昭和38）年に設立された高校）が掲載されている。不思議に思い尋ねると、同校の理事を10年余りしている池野さんは詳しく話してくれた。

1954（昭和29）年12月、和歌山市小豆島（あずしま）の小谷純一（現愛農高校学園長）を中心に16名の同志が集まり、「愛農塾」を開いたことから始まった。「主体性を持ち、自ら物事を考えられる農村の青年を育てなければならない」と人材育成＝人づくりをした。そこではいろいろな勉強のコースがあり、農村の若者を集めて農業や畜産の研修を行った。当時は1ヶ月コース、3ヶ月コースなど短期だったが、それが1年、2年と延び、そして時代とともに進学率が上がり、高校の資格がなければ大学へ行けないため、生徒の多くが普通科の高校へ行くようになった。

　ならば、きちんと文部省の認可を受けないと人が集まらないだろうと、今までの「愛農塾」で使用していた設備の全てを寄付し、愛農学園農業高等学校の設置が認可された。だから、愛農高校は農業の担い手となる若者を育てる基礎になっている。現在、愛農高校を卒業して農家へ就職するのは4割くらい。6割の生徒は大学へ行き、その後地元農家に帰ってくるそうだ。そんな若者達が㈱愛農流通センターの担い手になっている。

　「昭和20年8月に戦争に負け、その反省から『平和な国家を作らなくてはならない。農業と平和、武器を鍬（くわ）に換えて平和な世界にする』。この精神は今でも変わらない」と、池野さんは次世代の若者の育成にも力を注ぐ。

▶▶▶ 通年農業実習できる場づくり

　㈱愛農流通センターで行われている契約農家の体験実習と並行して、12年前、6家族の参加で米づくりを始めた。お客様から「もっと自分達で作物を作りたい、一年を通して農業をやりたい」という声が上がり、地元の人に田んぼを借り、田畑の放棄地を借り、田んぼを購入しながら、徐々に耕作地を拡大していった。

　そして、通年農業実習ができる活動がNPO法人の認可を受けたのが4年程前。NPO法人矢作川自給村「稲穂の里」（豊田市樽俣町）である。
それをきっかけに、村との交流が活発になり、村内の草刈りにも参加。逆に村の人が秋のシンポジウムや発表会に参加してくれるようになり、地元の住民も「もっと地元を良くしよう」と考えるようになった。今では地元に根付いた活動になっている。

現在、4月から11月まで毎週土・日にお米づくりを中心に活動を行っているが、自給村はいつでも体験参加できる態勢をとっているため、㈱愛農流通センターの消費者の皆さんは、体験実習やイベントに気軽に参加している。自給村では、子どもの農業体験を主にした「矢作川エコキッズ会員」も2007（平成19）年から始まった。

有機農業の仲間づくりから、既に自給村が管理する水田を利用して「My田んぼ」（個人が責任を持って作業計画を作り、自分の考えで米づくりをする）を持ち、田舎に定住を希望する人も出てきた。人手が足りなければ手伝いにも出向き、地元の農業を担う役割も果たしている。

自給村は、「夜の田舎を体験したい、田舎に泊まりたい」という会員の声を受け、グリーンツーリズムの制度を利用して『ファームインコッコ』（宿泊施設）を併設している。土・日の農業体験実習に参加する際、田舎と都会を往復するのは大変だが、宿泊できる施設があるので便利。一般の人も気軽に宿泊できる。事前に申し込みをすれば㈱愛農流通センターで販売される無農薬飼料で飼育された美味しい卵や鶏肉が購入でき、それらの食材でバーベキューをするのも楽しみのひとつになっている。

▶▶▶ 企業の福利厚生に利用してほしい

最後に池野さんは、「特にアドバイスはないけど、企業が従業員の余暇活動に、こういう農山村の場所を使って『企業田んぼ』などを持って活動してくれたら良いと思います。そうすれば、一反の田んぼから、どれくらいのお米が取れるか、米づくりに費用がどのくらい掛かるか、無農薬で作るお米がどれだけ美味しいかが分かるのではないかな。そういう使い方をしてくれたら、愛農も自給村も協力・応援します」。そして最後に「世の中が変わったから、今までのやり方を変えて、世の中の流れに乗る、ということではなく、これからも今までと変わらない活動を続けていくだけです」と締めくくった。

（文責：松本）

CASE 10 社会貢献活動を企業活動として実践
ガイアファミリーネットワーク

Profile

社　　名 ■ 株式会社舟橋植木
所 在 地 ■ 〒485-0039　愛知県小牧市外堀2丁目63
設　　立 ■ 1983年4月　　　資 本 金 ■ 2,500万円
代表取締役 ■ 舟橋伸治　　　従業員数 ■ 従業員数21名（うち女性5名）
業務内容 ■ 造園・土木・外構設計施工、造園資材販売、庭園維持管理
　　　　　モニュメント・ガーデンファニチャー設計施工
HP ■ http://www.funahashiueki.co.jp/index.html

社　　名 ■ 有限会社ガイア造景研究所・野文化研究室
所 在 地 ■ 〒460-0008　愛知県名古屋市中区栄5丁目3-6　エルマノスビル6F-B
設　　立 ■ 2001年3月　　　資 本 金 ■ 300万円
代表取締役 ■ 舟橋伸治　　　従業員数 ■ 12名
事業内容 ■ 環境共生型の技術開発や造園設計
　　　　　野文化研究室・オーガニックファーム
所 在 地 ■ 〒486-0801　愛知県春日井市上田楽町大縄手579
事業内容 ■ 発酵処理した有機性廃棄物を利用した、ハーブや苗木などの無農薬育成実験

社　　名 ■ 有限会社リンデンバーム
所 在 地 ■ 雅の里　〒485-0037　愛知県小牧市小針1丁目115
　　　　　花の宴　〒446-0065　愛知県安城市大東町17-8
設　　立 ■ 1996年4月　　　資 本 金 ■ 300万円
代表取締役 ■ 舟橋伸治　　　従業員数 ■ 38名
事業内容 ■ 発酵処理した有機性廃棄物を使い無農薬野菜を栽培
　　　　　フレンチベースに地元産の食材にこだわったスローフードレストラン
HP ■ http://www.saryou-sakura.com
取材協力 ■ 代表取締役　舟橋伸治氏

　株式会社舟橋植木の代表取締役舟橋伸治社長は、造園業である株式会社舟橋植木を母体としつつ、自身が運営する有限会社ガイア造景研究所、野文化研究室・オーガニックファーム、有限会社リンデンバーム・茶寮雅の里・花の宴、そして外資系企業の環境に優しい商品販売を加えた4つの組織と1つの販売事業の連携によるガイアファミリーネットワークの活動を展開している。

　「企業経営すなわち社会貢献」という理念の下、地球環境問題や世界レベルの貧困問題をも視野に入れたライフスタイル・住環境づくりを考案し、ソーシャルアントレプレナーとして社会貢献活動の事業化に取り組んでいる。

▶▶▶ 企業経営すなわち社会貢献

　環境貢献活動について伺うと「企業を経営すること自体が、CSR、環境貢献活動です。僕がやろうとしていることは、自分に関わる全ての生命が互いに心地いいバランス関係を保ち続けるシステムづくりです。人・モノ・金が、産業構造の中で役割を全うし、無駄のないスムーズな循環型社会をつくらなければならないと思っています」と返ってきた。

　生まれ育った環境の中で培ったエコロジーの精神を軸に、先代から受け継いだ庭師という家業を、時代のニーズに合わせて造園業へ、環境産業へと、ビジネス展開を考えてきた。

　「企業が事業として社会貢献活動をするということは、ボランティアではないから、経営的にも結果を残さないといけません。そのためには、実践してアピールするしか方法はなかった」。衣・食・住の各分野において、「消費者」が「生産」とともに、自然・人とのつながりが感じられるライフスタイルを実現するための仕組みを考案し、資料をつくり、出資者へのプレゼンテーションを重ねたが、なかなか理解してもらえなかった。それでも、社会に貢献する企業を創りたいとの思いで、現在は冒頭の5つの事業を展開している。

▶▶▶ ソーシャルアントレプレナーネットワークの創造

　「自然環境保全の意識が長続きするために、『環境』『地域社会』に自分のビジネスが役立っていることや、時代的ニーズ・ウォンツに応え続けていける先端の仕事であることを、若い人たちに繰り返し語り続けている」。舟橋社長曰く「関係者の中では、うるさい環境親父として通っている」らしい。

＊グリーンプロシューマー：舟橋社長の造語で、ヨーロッパで生まれた消費者運動グリーンコンシューマー（緑の消費者）という言葉と、1985年経済学者アルビン・トフラーが著書『第三の波』で使ったプロシューマー（生産しなおかつ消費している人、例えばインターネットなどの仮想空間で生産者に情報を提供し、商品を開発させるなど、生産と消費が一体化した生活者。彼らの出現によって、新しい流通形態が出てくるだろうと予言している）を併せ持つ存在。より環境に積極的な定義として「環境の改善や、人々の健康の回復維持を助ける商品やサービスを自分のライフスタイルに取り入れることはもちろん、それらによるビジネス機会を作り、その経済活動により、関わるすべての人々の夢の実現、物心ともに豊かなライフスタイルの実現を目指し行動する人。

現在展開する5つの事業においても、環境貢献、社会貢献を事業として行える人材「グリーンプロシューマー」*の育成や、そのネットワークづくりに力を入れている。
　5つの事業は、まず第1次産業として健全な土づくりや完全有機無農薬野菜生産を試みている㈲ガイア造景研究所・野文化研究室、第2次産業として造園業の㈱舟橋植木、第3次産業として地域の風景や自然に配慮しながら美しく文化的なライフスタイルをテーマに、レストラン事業を通してサービスを提供する㈲リンデンバーム「茶寮雅の里・花の宴」、第4次産業として自然環境を中心にまちづくりの仕掛けを行う㈲ガイア造景研究所、そして最後に、第5次産業として、「安全・安心」産業を位置づけ、環境・健康に配慮した製品を提供する外資系企業を応援するとともに、各種セミナーによる人材の育成を図っている。それぞれが独立した団体・企業だが、「ガイアファミリーネットワーク」と位置づけ、事業の連携を行っている。
　特に現在は、第5次産業の人材の育成・人脈づくりに力を入れており、そのつながりの中から、新たな事業を起こす人材（ソーシャルアントレプレナー）を育成することを目指し、舟橋社長自身がソーシャルアントレプレナーとして、これらの事業の育成に努めている。

▶▶▶ ガイアファミリーネットワークの社会貢献活動

　「あえて言うとしたら、第4次産業としての㈲ガイア造景研究所が、ガイアファミリーネットワークの中で、言わば社会貢献部門かな」と舟橋社長は語る。
　社会貢献活動の例として、市民活動団体との協働によるアートイベントとしてバンブーインスタレーションの開催（地元竹林の間伐材を利用して環境造形作品を制作し、収穫後の田んぼに展示するイベント。例年20団体ほどが出展し、2009年で16回目）や、大山川の清掃活動、川の土手の自然観察会など、ほぼ無償の状態で長年続けている。
　舟橋社長は先代から㈱舟橋植木を引き継ぐと同時に青年会議所に所属し、社会開発委員を務め、小牧市の市民活動の礎を築く活動に取り組んだ。この活動の成果は、現在「特定非営利活動法人こまき市民活動ネットワーク」となって実を結んでいる。地域の市民活動団体との協働による活動は、このとき以

来の繋がりによる。

▶▶▶ 事業として社会貢献を行うことへのこだわり

　舟橋社長は、現在のNPOやボランティアを取り巻く状況に疑問を持っているという。「NPO活動の多くがボランティアであるがゆえに、活動・行動への甘えを生み、社会的にインパクトを与えるところまでいかないことが多い。またそれらの活動を担っている人は、経営感覚が希薄な人が多いように感じる。このような状況を変えるには、社会貢献活動を経営として成り立たせなければならない」と、事業として成り立つ社会貢献活動、ビジネスモデルづくりの重要性を説いた。

　今流行の企業の環境貢献活動に対しても、「CSRという言葉が、悪いことを隠すための隠れ蓑、免罪符のようになっている」と痛烈に批判する。「企業活動そのものが、地域・社会に貢献していなければ企業が存続しないのは当然のことで、CSRというのは、当たり前のことをしているだけ」という考えだ。そのため、企業の社会・環境貢献活動の評価には懐疑的な考えを持っている。

▶▶▶ ネットワークを活用した相互扶助システムの構築

　舟橋社長の事業目標そのものが、現在で言うところの企業の社会貢献活動にあてはまっていると言える。以下、ガイアファミリーネットワークの目指す事業について舟橋社長の言葉を紹介しよう。

　「以前の日本社会には相互扶助システム：農村の文化（結い、もやい、講）などが生産活動、消費活動、コミュニティ活動をバランスアップさせていました。現在でも同じような構造は可能であり、経済発展と環境やコミュニティ活動は、相反するものではなく、経済活動が良質になればCSRという概念やボランティア活動、NPOの必要価値さえなくなるかもしれない。日本の農村文化に見られる相互扶助システムは、生活の知恵として民間の内に育ってきた社会保障制度です。この生活の知恵をシステム化し、現在のネット社会に適応した地球規模の相互扶助システム、互助活動をつくりあげることがガイアファミリーネットワークの目指す『グリーンプロシューマー』という社会企業活動です」

（文責：長谷川）

CASE 11 持続可能な社会づくりを トータルサポート

株式会社フルハシ環境総合研究所

Profile
社　　名●株式会社フルハシ環境総合研究所
所 在 地●〒468-0047　愛知県名古屋市中区金山1丁目14-18　金山センタープレイス6F
設　　立●2001年4月　　　資 本 金●4,000万円
代表取締役●船橋康貴　　　従業員数●16名（うち女性10名）
業務内容●環境コンサルティング、環境教育、CSRサポート
HP●http://www.fuluhashi.jp/
取材協力●環境教育チームリーダー　宮田佳織氏

　株式会社フルハシ環境総合研究所は、営利企業ではあるが、従来は非営利の活動とされてきた環境保護や企業の社会貢献の分野をビジネスとし、独自のソリューション（業務上の問題点の解決や要求の実現を行なうための情報システム）やサービスを提供している企業である。企業、学校、個人等、多様な顧客を対象に、環境関連の事業・活動・教育のコンサルタント及びそのツールを開発・提案している。
　環境教育ツールの主力である「エコ・ネーションゲーム」は、利用する企業にリピーターが多い。また現在力を入れている事業として、企業の環境教育と社会貢献を同時に実現するシステム「エコモチ」も展開している。

▶▶▶ フルハシグループ内の環境ソフトビジネスを担う

　㈱フルハシ環境総合研究所は2001（平成13）年創立。その経緯は次の通りである。
　親会社「フルハシEPO株式会社（2008年社名変更）」は1948（昭和23）年に創立。木材のリサイクル事業の会社で、大量の木材の運送が必要であるため、サービスやコストパフォーマンスにおける差別化を図ろうと、運送業の「東海RC株式会社」を1987（昭和62）年に創立した。この2社が、環境関連事業における、いわばハードビジネスに位置づけられる。
　1990年代頃から、環境関連事業において、ソフトビジネスに注目が集まり始めた。そこで、フルハシグループ内で環境ソフトビジネスを担う組織とし

て「株式会社フルハシ環境総合研究所」が設立された。

同社は、親会社の木材リサイクル業環境負荷軽減策や作業の効率化、省エネ化などをコンサルティングし、また両社で環境事業を促進しており、相乗効果を生んでいる。

▶▶▶ 環境ビジネスを担う人材

企業等に環境活動のコンサルティングをする上で、環境問題に対する高度な専門知識を要することから、人材の確保や育成が事業成否の大きなポイントになるのではないかと尋ねた。「まず社員の採用で最も重視しているのは、当社のクレドに共感し、会社の向いているベクトルと同じ方を向いて頑張れるかどうかという、パーソナリティの面を重視している。専門的な知識はその次で、あればなお良いという程度です」と環境教育チームリーダー・環境学習プロデューサーの宮田佳織さんは言う。

環境ビジネスの分野で、独自のサービスを提供している㈱フルハシ環境総合研究所において、新規事業のアイデアは非常に重要な要素といえる。同社が新規事業を立ち上げる時のプロセスは、「アイデアはトップダウンでもなく、ボトムアップでもなく、自由に平等に出し合い、議論していく体制ができています。特に年2回開催される、全社員参加の合宿（3泊4日）においては、一人一案を持ち寄り、プレゼンを行います」と宮田さん。

この合宿では、案の評価、順位づけが行われ、見込まれた案はプロジェクトチームをつくり、事業化するプロセスをたどることになる。これまでにこの合宿から生まれた事業は多く、社員のモチベーションは高い。参加社員からは「普段、事業のアイデアづくりのみに集中する時間は作れない。だから、とても貴重な機会になっている」と好評。

また、この合宿は、名古屋本社、東京事務所の全社員が顔をあわせる貴重な機会にもなっている。社員が一丸となって環境ビジネスを

創造し、開発に取り組むことを重視する姿勢がうかがえる。

▶▶▶ グローバルな環境貢献事業

　2005（平成17）年に、中国蘇州市の環境保護局と共同で、蘇州市の環境教育のための副読本を作成した。この事業は、親会社が木材を運ぶための木材パレットの生産拠点を中国に置き、中国における環境ビジネスに関心を高めていた中で、㈱フルハシ環境総合研究所の船橋康貴社長が、中国で行われた環境展示会（2000年）に出席し「日本企業の環境への取り組み」についての講演を行い、蘇州市の環境保護局職員の目にとまったことがきっかけとなった。

　蘇州市は、中国でいち早く環境先進市の宣言をし、環境への取り組みを強化しようと考えていた。船橋社長は「行政が取り組む環境活動の促進」について相談を受けた。

　通常、環境教育の教材は半年程度かけるが、3ヶ月前後で製作され、環境教育の座学とワークショップの手法を説いた、教師用と子ども用の副読本が製作された。

▶▶▶ 環境活動推進の仕組みづくり

　代表的な環境教育ツールは次の通り。

エコモチ：企業の環境教育と社会貢献を同時に実現するためのシステム。エコ活動を行うごとに「シード」というポイントが加算され、そのシードを世界で活躍するNPO／NGOに提供できる仕組みになっている。通常、エコ活動を行ったインセンティブは、活動した本人に与えられるが、社会貢献を行う他者に寄付する仕組みであるところが特徴。他者にポイントを寄付することの効果は「きずな」や「つながり」を感じるための仕組みとしても機能するため、エコ活動のモチベーションはさらに上がり、この仕組みを導入する企業の輪は広がりつつある。2009（平成21）年9月時点で、60社以上が採用している。

エコ・ネーションゲーム：子どもから大人まで楽しみながら学べる、参加体験型の環境教育プログラム。プレイヤーは一定の資源、技術、人、資金を与えられ、国の主として国を運営する。他のプレイヤー（国）との交渉を重ね

てものづくりをし、お金を稼いでいくことで、経済成長を図る。同時に、地球環境温暖化防止のための森を育てたり、廃棄物削減に取り組むこともでき、結果として、環境と経済のバランスのとれた社会を実現するための方策を考え、学ぶことができるゲームになっている。子ども用、新入社員用、企業管理職用の3種類があり、利用した企業や学校にはリピーターが多い。

▶▶▶ 中小企業の環境経営、環境ビジネスについて

　大企業を中心に、生物多様性条約第10回締約国会議（COP10）に向けて活動している企業のコンサルティングをしている。「中小企業はまだ少ないが、気づいていないだけで、本当は生物多様性保全に貢献する事業、活動を行っている企業はたくさんあると感じています。そのような中小企業にスポットがあたり、評価されることで、企業の経営とともに環境貢献活動が促進されることが重要だと考えています」と宮田さん。

　そこで、船橋社長の「中小企業の環境経営に関する3つの視点」を紹介してくれた。

　第1は、「既存ビジネスの中身そのもので、コストを下げること」。生産工程の中で気づかなかった無駄を発見して、コストの削減と環境負荷の軽減を図る方法で、消費電力や材料の消費・廃棄の量を「見える化」し、無駄を省く。

　第2は、「既存のビジネスをベースにして、自社らしい企画で売り上げを伸ばす方法」。例えば、愛媛県今治市にあるタオル製造会社は、風量発電100％でタオルを織り、「風で織るタオル」というキャッチフレーズの商品を生み出し、米国で大きな評価を得た。原材料の調達、加工、物流の中で、「太陽の恵み」「やわらかな風でつくった製品」といった環境に関する美しいストーリーをつくり、商品化している成功事例。

　第3は、「自社らしさを大切にしながら新しい分野でビジネスを展開する」。例えば、木材のリサイクルをしている親会社が、農業に参入することになった。農業に参入する際に、レストランやスーパーの食品残渣を肥料に使用するなら、その場合はエコ対応ビジネス環境経営の取り組みとなる。

　　（日本商工会議所ビジネス情報誌・月刊「石垣」2009年7月号掲載）

　　　　　　　　　　　　　　　　　　　　　　（文責：長谷川）

CASE 12 生物多様性保全に配慮したコーヒーを提供

マウンテンコーヒー株式会社

Profile
社　　名 ● マウンテンコーヒー株式会社
所 在 地 ● 〒466-0033　愛知県名古屋市昭和区台町2丁目27
設　　立 ● 1967年5月　　　資 本 金 ● 2,500万円
代表取締役 ● 岩山隆司　　　従業員数 ● 26名（うち女性4名）
業務内容 ● レギュラーコーヒー製造販売　珈琲専門店等の経営指導
　　　　　　喫茶・レストラン等業務用食品、業務用器具類の販売
　　　　　　CAZAN 珈琲店・マウンテンビーンズショップ経営
HP　　　 http://www.mountaincoffee.co.jp/
取材協力 ● 代表取締役　岩山隆司氏

　サステイナブルコーヒー。聞きなれない言葉だが、「持続可能性（サステイナビリティー）に配慮して、自然環境や人の生活を良い状態に保つことを目指して生産・流通されたコーヒーのこと」（日本サステイナブルコーヒー協会のHPより）。コーヒーの卸・小売業マウンテンコーヒー株式会社は、サステイナブルコーヒーを2008（平成20）年秋から輸入販売、直営店でもメニューに加え、生物多様性条約第10回締約国会議（COP10）を機に、サステイナブルコーヒーの啓蒙に取り組んでいる。

▶▶▶ サステイナブルコーヒーとの出合い

　「コーヒーの木は本来、ジャングルに生えているのをご存知ですか？」マウンテンコーヒー㈱の岩山隆司社長は、そう言って1枚の写真を見せた。コーヒーといえば熱帯地方に整備された広大な農園で栽培されているのが一般的だが、その写真はうっそうとしたジャングルの中で、他の木と一緒に生えている。

　「2008年の夏に開催されたサステイナブルコーヒーの普及や情報提供をしている『日本サステイナブルコーヒー協会』のシンポジウムで、この写真を見た時、私はショックを受けました。こんな場所でコーヒーができるのかと、

驚きました」と岩山社長。

同協会などによると、石油に次いで世界で2番目に取引金額の多い第1次産品といわれるコーヒーは、南米やアフリカ大陸、東南アジアなどの生産地に現金収入をもたらしているが、その生産地の多くは、多様な生物が生息し生態系の保全が重要な場所にある。このため自然環境の保全や農園労働者の貧困・人権問題などに取り組むさまざまな団体が、それぞれのアプローチでサステイナブルコーヒーの生産や流通に取り組んでいる。

マウンテンビーンズショップ

たとえば環境保護団体「レインフォレスト・アライアンス」（本部：アメリカ・ニューヨーク）は、生物多様性や労働者の社会的境遇を守る観点から「森林が保護され、河川、土壌、野生生物が保全され、労働者がきちんと待遇され、適正な賃金を支払われ、適切な設備が整えられ、教育や医療が受けられる農園で栽培されたコーヒーである」ことを「レインフォレスト・アライアンス認証マーク」を付け保証している。消費者はこうしたサステイナブルコーヒーを飲むことで、生物多様性などに「貢献」できるわけだ。

▶▶▶ ビジネスと環境保全が連動

マウンテンコーヒー㈱は1967年設立。岩山社長は2代目である。「動物が好きで、子どものころは獣医になりたかったが、特に環境を意識したことはなかった」という岩山社長がサステイナブルコーヒーを知ったのは、前述のように2008年夏。中部日本コーヒー商工組合（焙煎コーヒーの組合）の理事として、岐阜県各務原市の中部学院大学で開催された日本サステイナブルコーヒー協会のシンポジウムに参加したときのことだった。試飲で美味しさを実感し、その考えに共鳴した岩山社長は、同年10月からレインフォレスト認定のサステイナブルコーヒーを入荷、販売を始めた。これが中部地方でさきがけとなり、現在は組合傘下の卸業者、小売業者（喫茶店など）にも普及している。

ただ「サステイナブルコーヒーは大量生産ができないため安定供給はできません。また価格も割高になります。だから業界で取り組んでいるところはまだ多くない」と岩山社長。

直営店ではサステイナブルコーヒーの説明をメニュー表に添えて「スペシャルコーヒー」として提供しているが、レギュラーコーヒーより若干高い価格となっている。入荷量は1年で約300kgという。

直営のCAZAN珈琲店

「サステイナブルコーヒーを売ることが生物多様性の保全に連動する。サステイナブルコーヒーはまさに持続可能＝続けていかないと意味がないわけですが、私たちにとっては直接商売につながる。売ることが貢献につながるわけで業界としても取り組みやすい」と岩山社長は話す。

▶▶▶ 教育現場で啓蒙活動

2009（平成21）年に日本サステイナブルコーヒー協会に加盟して、日々最新情報にアンテナを巡らしている岩山社長は、講演などを通じてサステイナブルコーヒーの普及に努めている。名古屋市内の中学校で、PTA会長と知り合いだったこともあり、約40人の保護者を集めたコーヒー教室では、コーヒーの入れ方など実技に加えてサステイナブルコーヒーを説明した。名古屋市立大学のゼミでも、学生らを対象に講演を行った。

その活動は広く環境をテーマにして広がりを見せている。CAZAN珈琲店の顧客だった名古屋市内の私立高校の教諭が、「文化祭で環境をテーマにした催しがしたい」と話したことがきっかけで、岩山社長が一肌脱ぎ協力をした。

文化祭では岩山社長の提案で、コーヒー豆を入れる麻袋を使って生徒たちが「リサイクルバッグ」を制作し、1個900円で実験的に販売された。以前からコーヒー豆の麻袋を畑の雑草繁殖防止用に農家へ提供しているが、バッグに加工するという新しいリサイクル活動が始まったのだ。今後は、この売

上金をNPO団体へ還元することも検討している。

また同社では、高校の生徒がマウンテンコーヒー㈱を訪問見学し、岩山社長からサステイナブルコーヒーの講義を受けた。岩山社長は「講演は定期的なものではないが、サステイナブルコーヒーを広めるために、機会があればやっていきたい」と話す。

サステイナブルコーヒーの取り扱いを始めて、岩山社長はCOP10をビジネスチャンスとしても意識するようになったという。「会議には世界から7,000人の人々がやってくる。その人たちに飲んでいただくために、例えば宿泊先で提供できないか。また企業内でサステイナブルコーヒーを普及できないかなど、COP10を機に組合として取り組んでいます。私自身もサステイナブルコーヒーを取り扱うようになって、環境問題に興味のある方たちから声をかけていただくことが多くなりました。その経験から言って、環境問題に取り組むことは企業や業界のイメージアップにもなると思います」

▶▶▶ ヒントは身近な所に

ただ、講演活動などを通じて「生物多様性」という言葉がまだまだ一般に浸透していないことを痛感している。

「生物多様性だけでなく、例えば里山という言葉もそうですね。若い人は里山と言ってもすぐにピンと来ないのではないか。まずは言葉の意味が分からなければ、どのようなことをすればいいのかが分からないのではないか」と懸念する。

これから環境・CSR活動を行おうとする企業へのアドバイスを求めると岩山社長は次のように話した。

「私たちも取り組み始めたばかり。ただ経験から言えば、私たちにとっては環境・CSR活動はサステイナブルコーヒーを売るという非常に身近なところにあったということです。同様に他の企業でも、案外、身近な所にヒントがあるのではないでしょうか」

(文責：長坂)

CASE 13 企業経営の円滑化に深く関わる環境貢献活動

丸美産業株式会社

Profile
- 社　名●丸美産業株式会社
- 所 在 地●〒467-8533　愛知県名古屋市瑞穂区瑞穂通3丁目21
- 設　立●1948年7月　　資 本 金●2億2,003万円
- 代表取締役●南　喜幸　　従業員数●138名（うち女性40名）
- 事業内容●木材・住宅資材販売、マンション分譲・戸建住宅分譲、リゾート事業、損害保険代理業
- HP●http://www.marumi.com/
- 取材協力●総務人事部　牧野祐治氏

　丸美産業株式会社は、最大の事業目標の1つとして「早くから長期優良住宅に対応する商品の研究、開発」を掲げ、世界の資源問題・環境問題に十分に対応し、経済的・精神的・文化的に質が高く、自然と共生でき十分に貢献できる住宅づくりを進めている会社である。

　これまで、社員の環境貢献活動及び多様な地域貢献活動を行ってきており、ISO14001の取得や、資源・環境の持続的保全の重要性を説く「社是・倫理」がキーポイントとして存在している。またその集大成として2008（平成20）年、環境に配慮した屋上緑化を施し、木質素材を活かした新社屋を建設。

　「代々の社長が環境貢献活動に非常に関心が高く活動を推進しています」と総務部人事部長の牧野祐治さん。この言葉はあくまで自社の環境貢献活動を謙虚に受け止めての言葉で、社員が中心となって地道な活動を続けていることが分かった。

▶▶▶ 環境貢献活動の取り組みが組織の欠点を改善

　丸美産業㈱の運営体制は、伝統的に事業部制の縦割り型の組織体制だった。縦割り型組織の利点として、縦方向の効率的な発展が望める反面、事業部間の壁を築きやすく横の連絡や協力が薄くなり、総合力を活かす体制にならない欠点がある。事業運営にとって総合力を発揮できない状態は危険であるとみなし、縦の組織を横で串刺しにする仕組みづくりに取り組みはじめ、現在3つの組織、委員会を立ち上げている。

そのひとつが2004（平成16）年設置のコンプライアンス室、2つ目が2006（平成18）年のPR室設置、そして3つ目が2004年にスタートしたISO委員会。ISO委員会では翌2005年にISO14001の認証を取得し、省エネルギー・省資源の取り組みを始めた。

　特に環境問題において活発な活動を展開しているのが、3つ目のISO委員会であり、ISOの認証取得、更新の活動を通して、組織の横のつながりを創出するとともに、環境貢献活動を推進し、各事業部においても環境配慮商品の開発を始めた。「環境貢献活動への意識を高めているのは、ISOの継続的な更新が鍵であり、当社の社内的な環境貢献活動にとっては、1つの大きなモチベーション（商品開発）になっている」と牧野さん。

　ISOの取得は、同社にとって「商売上必要不可欠なものではなく、また、必ずしも必要性が高いものではない」ということだが、ISO委員会が事業部間の横のつながりをつくる仕組みとして機能するとともに、環境貢献活動のモチベーションを上げるという2つの意義を持っていることが伺われた。

▶▶▶ ペーパーレスな会議の推進

　ISO委員会の1つの重要な取り組みとして、紙使用量の削減がある。中でも紙使用量が多い会議における紙使用量の削減（ペーパーレスな会議）を推進している。「会議が多い当社にとって、ペーパーレスな会議は環境貢献にとって重要な課題です」と牧野さん。

　コピー用紙の裏紙利用や使用量の削減に取り組み、2008（平成20）年度は前年度比20％の紙使用量の削減に成功しているが、ペーパーレスな会議はまだ浸透しておらず、今後の重要な課題とのこと。会議資料において、紙でしか表現しえないものや紙の方が便利な場合のみ紙を使い、それ以外は出来る限りパソコン等を利用することを奨励している。

▶▶▶ 地域貢献活動の継続

　丸美産業㈱の地域貢献活動には、役員候補の人材育成を図るために組織さ

れた青年重役会が重要な役割を果たしてきた。現在も続いている「地域のごみ拾い活動」と「児童福祉施設の児童の野球観戦招待の活動」の発起人は青年重役会だった。同会は、環境関連事業の推進のため、組織編成を図り昨年より休会中で、その活動は総務人事課が引き継いだ。

社屋周辺のゴミ拾い活動は8年前より開始。月に2回、始業時間前15分程度を30名ほどで、周囲を5ブロックに分けて行っている。ゴミで多いのはタバコの吸殻だが、ほとんど拾うゴミがない時もある。まちをきれいに保つことは、定期的に継続していることが効果を発揮する。

地域の児童福祉施設の児童を野球観戦に招待する活動は、10年前より開始。夏休み中（お盆時期）に何か貢献できないかと始まった。この活動も定期的に実施していることから、「毎年の恒例となり楽しみにしている児童がいる」と地域貢献活動の継続の重要性を語った。

しかし、このような地域貢献活動の中には、「以前には継続を断念した活動」もあった。過去には、地域のアルミ缶を回収し2〜3ヶ所の児童福祉施設に寄付していたことや、地域の河川の清掃作業に参加していたこともあったという。しかし、それらの活動は定着しなかった。

「地域貢献活動は、どんなに小さな活動でも続かないことが一番恥ずかしいです」と牧野さん。さまざまな地域貢献活動に積極的に取り組んできた経験から、現在は活動を継続することを大切に考えている。

▶▶▶ 環境貢献意識の結実として新社屋建設

2008（平成20）年に丸美産業㈱設立60周年を迎え、これまでの社是に加え「丸美の倫理」を新設、また環境に配慮した本社新社屋を新築した。

「丸美の倫理」は、代表取締役嶺木昌行会長が考案。5節からなる。グローバルな視点での環境や資源の保全に言及しており、その第2節は次のとおり、資源・環境の持続的な保全を強く意識したものになっている。「資源や環境は宇宙や地球から与えられるものであり、これは全人類のみならず、後世代、全動植物に公平に与えられるものである。決して私物化してはならない」

この「丸美の倫理」は、社是とともに機会あるごとに合唱し、事業に臨む際の基本と位置づけられており、社員の環境への意識は勿論のこと、事業運

本社新社屋

営においても基本理念となっている。

　本社新社屋では木質ハイブリッド工法（木"構造用集成材"と鉄筋"鋼材"を組み合わせた建築方法）により新築された。国産材をふんだんに使用し、同工法では国内最大級の建築物である。国産材は外国材よりコストがかかることは言うまでもなく、低迷する国内林業を応援する思いが込められている。また、この新社屋は財団法人民間都市開発推進機構、財団法人名古屋みどりの協会の支援による「奨励モデル型建築物緑化助成事業」に採択され、1階、3階の東半分の屋上には、助成対象樹木・助成金を活用した屋上緑化が施された。

　この屋上緑化は、新築して1年後には排水施設の不調で緑が枯れるというトラブルが起きたが、修繕後1年経つ現在は、順調に緑を増やしつつある。「新社屋の木は、まだ2m程度と大きくありませんが、成長するにつれ緑の景観としても地域に貢献できそうです」と、牧野さんは屋上緑化の樹木の成長に期待を寄せている。

　屋上緑化は社員の休憩室の目の前に広がっているため、社員の憩いを促すとともに、環境貢献活動の意識を高める施設としても存在し続けるだろう。

（文責：長谷川）

CASE 14 大同特殊鋼グループとして社会貢献・地域貢献
大同エコメット株式会社

> **Profile**
> 社　　名 ● 大同エコメット株式会社　知多事業所、星崎事業所、渋川事業所、川崎営業所
> 所 在 地 ● 〒477-0035　愛知県東海市元浜町39　大同特殊鋼㈱知多協力会センター内
> 設　　立 ● 1976年3月　　　　資 本 金 ● 3,000万円
> 代表取締役社長 ● 内藤善博　　従業員数 ● 96名（うち女性5名）
> 事業内容 ● 特殊鋼製造過程で発生する廃棄物・副産物の再資源化
> 　　　　　耐火物等製鋼用減量・資材の開発と製造販売
> HP ● http://www.d-ecomet.co.jp/
> 取材協力 ● 営業部原料チーム長　大倉未代史氏

　大同エコメット株式会社の主たる業務は、グループの親会社である「大同特殊鋼株式会社」とグループ内各社で発生する資源の再資源化である。事業所は全て本体の工場内にあり、売上も80％以上が親会社向けとなっている。この点で別会社ではあるが、実質は大同特殊鋼株式会社の一部門であるといえる。よって、一般的な意味での中小企業とは異なる。

▶▶▶ 社内の環境活動

　6年前、親会社（大同特殊鋼㈱）に「環境管理」担当部門を設置し、5年前「ISO14001」取得のための仕組み（環境マニュアル）を作った。グループ会社として設立した大同エコメットの主たる事業内容が「親会社の各工場において、特殊鋼製造工程で発生する廃棄物・副産物の再資源化」である。それゆえに、当社の事業内容自体が環境活動といえる。

　「環境リサイクル事業」としては、スラッジの溶融還元設備（DSR）を建設・操業し、ニッケル等リサイクル事業：「あいちエコタウン計画」ハード補助事業、独自に開発した酸素バーナによる製鋼ダスト溶融設備（DSM）を用いた電気炉ダストリサイクル事業、バイオマス資源のリサイクルなどを行っている。

　バイオマスのリサイクル事業の啓発効果について「愛知県は臨海部を中心に製鋼メーカーが多く立地しており、それらの事業所に本システムを拡大展

●模式図

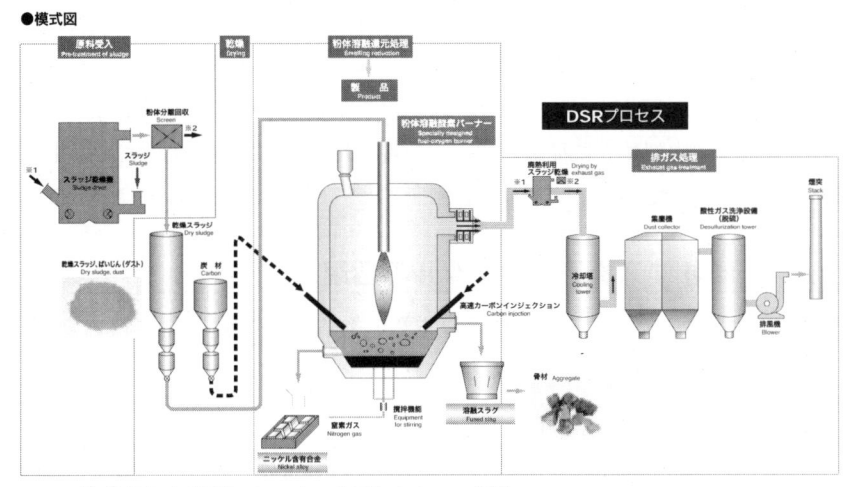

スレッジ（汚泥）を溶融してニッケルを回収するDSR施設

　開すれば、原料供給と製鋼業が一体となった木質バイオマスのネットワークを形成することになり、愛知県全域でのゼロエミッションとCO_2排出量削減が促進できる。さらに将来的には、炭化物原料として未利用間伐材や林地残材等の利用により、林業分野との提携を視野に入れた新しいビジネスモデルの創出や、さまざまな整備事業に伴う土地造成事業から排出される、多量の伐採木等の受け皿となるモデル事業の構築も期待できる」と、営業部原料チーム長の大倉未代史さんは話す。

▶▶▶ 社員教育は環境教育

　社員教育として親会社で実施する新入社員教育（配属3ヶ月以内）、新任中間管理職教育等の教育コースの主要テーマとして「環境」に焦点を合わせ、環境マネジメントの意義や方針、実施方法の理解と徹底を図っている。管理部門を対象に半年に1回の自覚教育を行い、環境意識の高揚を狙う。また、外部から専門家を招き、環境啓発の講演を随時開催。さらに環境・リサイクル・省エネルギーを目指す月間運動を設定し、工場別に独自のイベントを実施する等、常に全社的な活動も展開している。

また、内部監査員の養成と技能向上のため、毎年10月に外部講師を招いて、1泊2日の内部監査員養成講習会を開催。本講習会を通じて、グループを含む多くの希望社員がISO認定の環境関連内部監査員の資格を取得し、さらに有資格者で内部監査に従事している社員を対象に、技能向上のための1日講習会を実施している。

▶▶▶ バイオマス資源リサイクルの活用

　環境・CSR活動をすることによる本業の業績、社外からの評価について大倉さんは「評価については気にしていないが、本業の立場として自信は大いにある」と語った。

　2006（平成18）年に「愛知環境賞・銀賞」を受賞、2009（平成21）年には2度目の「愛知環境賞・優秀賞」を受賞した。木質バイオマス製鋼原燃料利用事業」が温室効果ガスの削減と林業活性化に新しい道を拓き、今後の事業成果が期待されることが評価された。

　木質バイオマス製鋼原燃料利用事業とは、化石燃料の消費量の低減や地球温暖化防止といった社会的要請を受け、製鋼業にて製鋼電気炉使用コークスの一部をカーボンニュートラルな資源である木質バイオマス（木炭）に代替するほか、資源循環とゼロミッションに貢献している電気炉ダストのリサイクル設備において、新たに木炭を重油代替として活用する可能性を探るものであり、木炭の化石燃料代替によるさらなる環境負荷の低減が可能となる。

　大倉さんは「『バイオマス資源リサイクル』を鉄鋼業界に提案していくが、身近な鉄鋼業界のことしか分からず、もっと広い視野に立つ必要があると認識し、違った業種にも活用を広めていきたい」と抱負を話した。

▶▶▶ グループ企業とともに地域でも活動

　こうした事業とは別に、地域社会への責任と貢献を重視している。中部・東海から関東にかけて6工場を擁し、関連する多くのグループ企業とともに、各事業所単位でさまざまな催しを通じて、地域住民とのコミュニケーションを深めている。

　星崎工場では、名古屋市南区6学区の生徒を対象に絵画や習字の作品を募

集し、「くすのき子供作品展」を開催。また1973（昭和48）年から「秋の祭典」、2004（平成16）年には「ほたるの飛ぶ鉄鋼会社」をスローガンに、ホタルの成育する環境を工場内に造り、地域住民や社員の家族等、多くの方々がホタルの光を楽しんでいる。

　また、渋川工場では「大同ふれあいフェスティバル」を開催し、地域の環境美化活動として、鍛造工場と製鋼工場の間を流れる前金沢川と川沿いの市道の「河川清掃」を実施。知多工場では、東海市の横須賀・養父・高横須賀・中ノ池自治会が毎年8月に主催する「サマーフェスタ元浜」に協賛。

　さらに、築地テクノセンターのある名古屋市港区東築地学区の恒例行事「納涼盆踊り大会」開催のため、毎年グラウンドを開放し、地域社会貢献活動を行っている。

　工場内では年1回、突発事故、緊急事態等を想定した訓練を実施し、安全の確保ならびに環境汚染の拡大を防ぐ訓練も行っている。　　（文責：松本）

CASE 15 子育て優先の会社
有限会社ワッツビジョン

Profile
- 社　　名● 有限会社ワッツビジョン
- 所 在 地● 〒488-0021　愛知県尾張旭市狩宿町4丁目107
- 設　　立● 1995年3月　　資 本 金● 1,000万円未満
- 代表取締役社長● 横井暢彦　　従業員数● 8名（うち女性6名）
- 業務内容● 建築用手づくりタイル製造
- HP ● http://www.clays.co.jp
- 取材協力● 代表取締役社長　横井暢彦氏

　「子育て優先で働ける」を会社の設立目的にして、①勤務時間は完全フレックス制、②職場に子連れOK、③製造分の報酬を払う能率給、を約束して主婦らを雇用、日本で唯一の手づくりタイルメーカーとしても存在感を示している有限会社ワッツビジョン。

　設立して15年だが、ユニークなシステムはすっかり定着したようで、横井鴨彦社長はさらに近年、瀬戸市キャリア教育協議会講師として小・中学校で出張講義を行ったり、2年前から「私学をよくする愛知父母懇談会」会長として「教育格差をなくす」課題に取り組み、瀬戸市「品野まちづくり協議会」会長など多方面に尽力している。教育格差をなくすため、小学3年から「社長になること」を志したという横井社長の道のりは平坦ではなかった。

▶▶▶ 仕事より常に子育て優先

　会社は、尾張旭市を走る国道363号線（通称：旭南線）から少し入った、スレート葺きの工場長屋が建ち並ぶ一角に看板も掲げずひっそりとある。しかし、同社の手づくりタイルは全国各地の大学や美術館、テレビ局などに使われるほど。もっと驚かされるのが、正社員8人（うち女性6人）でワイワイガヤガヤおしゃべりしながら、しかも脇で子どもたちが遊び回っている中で製造されていることだ。

　横井社長は「うちのタイルは依頼主と直接話し合い、設計の方にしっかり説明し、注文をもらってつくる受注生産。建物も人と同じようにそれぞれ個性があり、街の風景や思いも違うので、それを大切に手づくりでしか得られ

ない雰囲気のあるものをつくっています」と説明。

そんな繊細な製品を「子育て優先の労働から生産可能ですか」と尋ねると「技術的なレベルの高さや特許なども取得していますが、初心者でも3ヶ月ほど研修すれば十分クリアできます。グループ生産なので、自分たちでマネジメントして時間などを助け合いながらやることになります。おしゃべりはコミュニケーションであり、ストレス発散になって能率は上がります。それにしても朝から晩まで、おしゃべりが止まらないのには驚かされます」との答え。

会社は託児所ではないので保育は行わないが、乳幼児は連れて来られないものの、わんぱく盛りの小学生まで可。「母親の目の届くところで、自分たちでうまくまとまり、遊んだり宿題をやっています。大人の干渉がないと、子ども同士でちゃんとやれるんです」と続ける。

女性従業員は家のことを済ませて働きに来て、用事があれば帰る。互いに勤務時間は調整しながら働いている。納期があるので、アルバイトを雇い24時間態勢で生産することもあるが、ほとんどは社長の見通しの範囲内での生産。「現実的な見通しを立てるところまでは経営者である私の責任。後は自分たちで進行を考えて生産管理していますから、私は楽ですよ」と笑う。そして「あくまで子育てが優先。お金欲しさに、子育てを放棄して仕事を優先するような人は、辞めてもらいました」と言うほど徹底している。

▶▶▶ 小学3年で「社長になる」決心

理由を聞くと「私は、小学3年の時に『社長になりたい』と決意したんです。その頃からの思い」というビックリする答えが返ってきた。

横井社長は愛知県瀬戸市品野町で6人兄弟の4番目として生まれた。幼い時は裕福だったが、小学校に上がる前に急転直下、親が財産を持っていかれてしまう境遇に育った。その後、友達とも疎遠になり、さらにいじめへエスカレート。親や友人からも殴られたりしたが、先生はおろか誰も気付いてくれなかった。

「親に金がないだけで子は別、責められる理由はないのに」と思っていたが、小学3年生のある時「世の中お金じゃない、ということを訴えるには、自分

が社長になるしかない」と心に決めたという。教科書も破られるほどで勉強もままならず、大学進学はあきらめ、何度も自殺を考えたが「死ぬのも悔しい」と思いとどまり、「何かないか」と考えた末「日本一になること。それには人のやらないことをやることだ」という結論に至った。

　せとものの町だったから、窯業の世界は子どもの頃から見て「汚い、きつい、儲からん」ものだと、一番嫌いだったのだが、日本一の物がつくれると信じて、思い切って飛び込んでいった。

　その後はがむしゃらに働いた。体力もあった。勉強にも励み、40名ほどの会社だったが企画、開発にも携わり、コンピューターや特許の分野にも精通。夜昼なしだった。視野が広がってくると「社長の言うことを聞いていては駄目だ。大量生産を競っていては駄目だ」という思いが強くなり、27歳で退職。

　1年間、コンピューターのSE関係の仕事をして再び別の窯業（タイル）会社に。ここでは営業関係にも従事、企画開発も手掛けた。しかし「結局は自分でタイルをつくらなければ」と再認識して退職。30歳で、結婚して子どもも産まれ、家も買ったという大変な時期だったが、飛び出してしまった。ただ、「手づくりタイルは素晴らしい商品で技術力もある。『ちゃんと説明すれば、売れないわけがない』という自信はありました」。幸い、前の会社から仕事を回してもらえるルートがあったため、冒険だったが会社を設立。

　その時に、会社のあるべき姿として冒頭の「3原則」を立てた。その基には「世の中金じゃない、格差をつくってはいかん」との思いがあった。初めてのことで手探り状態だったが、3年間は朝から晩まで、休みなしで働いた。

▶▶▶ 夢を実現

　会社が軌道に乗ってからは、社会貢献活動に積極的に参加。「自治体が公募する市民参加の活動に応募したんです」と横井社長。

　2005（平成17）年にスタートした瀬戸キャリア教育協議会にも、市民講師として小・中学校へ"出張講義"。ニート、フリーターが騒がれるようになった頃で、学卒者でも就職が難しくなり、市教育委員会、商工会議所などが職業教育の必要を訴えて同協議会を設立。プログラムは実際に児童らに職場見学や職業体験をさせるもので、ユニークなのは起業して実際に商品製作、販

売まで行うことだ。やきものの分野だが、小学5～6年生の1組7～8人のグループで、会社の方針や製品の名前、プレゼンテーションまで順序を追って進行させ、最後は「せともの祭り」で販売する。

「実は僕の子どもの頃も『せともの祭り』でせとものをつくって売っていました。50年以上の歴史があるんですが、それが一時衰退。自分たちの誇りを取り戻す事業でもあるんです。とにかく本物を体験させるプロジェクト」と説明する。

3年前からは瀬戸市環境課の「環境塾」にも参加。これも公募に応じたものだが、子どもからお年寄りまでが参加して「ごみの現場めぐり」や「水源地を訪ねるツアー」を年に6回ほど行い、専門家からの講義も聴く。その関係で2年前からは愛知県環境保全委員にもなり、地元・瀬戸市品野地区の自然環境・公害調査を行うメンバーとしてウオッチングして報告。

そのほか、品野まちづくり協議会会長として花いっぱい運動を展開したり、瀬戸市子ども会会長に就任予定など超多忙。「一定の条件が与えられれば、女性従業員らは経験・実績から自分たちで管理し、自主的に仕事を進めることが大事だと分かっています。ただあんまり私が出歩くので、従業員に叱られていますが」と笑う。

(文責：鬼頭)

職場体験風景

小学校での出張講義

CSRの観点から15事例を読んで

NPO法人パートナーシップ・サポートセンター（PSC）監事
㈱デンソーユニティサービス　顧問　**面高　俊文**

　15社の事例のレポートを目にして、CSR経営（中でも特に環境経営）への各社の真摯な取り組みに感激し、感動した。経緯や歴史、対象や広がり、活動内容はそれぞれ異なるが、そこに共通するのは経営者の哲学と強い意思であり、それに心を寄せる社員の信頼と前向きな参画意識だった。

　自らの所属する企業が「世の中のため、地域社会のために良い行動をしている」「環境に配慮した事業活動や環境対策そのものを事業としている」良い企業であるとの社員の認識は組織への帰属意識を高め、良い社員を育てることにつながるだろう。地域社会からの「良い会社」との評価は事業活動の新たな可能性を広げ、事業拡大と良質な社員の採用にもつながるだろう。

　そもそも「良い会社」とはさまざまな定義があろうが、つまるところ「良い社員が良い仕事をし、良い商品・サービスを提供し続け、良い経営が継続している会社」である。そしてこれが「社会的責任」を果たしている企業であり「CSR経営」を実践している企業ということになる。

　日本の商人道には昔から近江商人の「売り手良し」「買い手良し」「世間良し」の「三方良し」を商売の基本とする考えがある。そして数々の家訓、遺訓、社是などには「社会の役に立つこと」がうたわれ、今日多くの企業に引き継がれている。

　15社の今事例にはそれぞれが、自社の事業目的と使命（ミッション）にもとづき、本業そのものまたはその周辺に関係する「課題」にどういう考え方（理念・哲学）で取り組んだか、どう目標を掲げ組織化し、実現したかが盛り込まれている。短い文章の中でそのすべてを紹介するスペースは無く必ずしも実態を伝えるには十分とはいえないが、各社が「三方良し」の企業たるべく、経営者のリーダーシップと社員の高い情熱をもって取り組んだ成果の一端を感じてもらえるのではないかと思う。

　ここで特に個々の事例に触れ、コメントするにはスペースが足りないが、特徴的なキーワードを持つ事例について指摘し、今後の中小企業の「CSR

経営」「環境経営」への取り組みの参考としてもらいたい。

「丸美産業㈱」では、本業（事業）での取り組みもさることながら逸早く「コンプライアンス室」を立ち上げ、いわゆる企業の「倫理憲章」ともいうべき基本スタンスを定めている点。

「㈱にんじん」では元々NPOから独立したNPOが、徐々に事業を充実拡大し、株式会社として非営利活動を営利活動に転化した点。

「マウンテンコーヒー㈱」ではサステイナブルコーヒーのコンセプトを確立し、COP10では生物多様性のシンボルにしようとの意気。

「㈱山田組」では「社長がやるCSR」。まさにきれいごとではない、生き残り戦略としてのCSRを主張。

「㈲ワッツビジョン」の特色ある子育て職場の風景。

他にも注目すべきキーワードがあろうが、これを見つけるのはそれぞれこの事例集を目にする個々人の立場、興味、業種によることだろう。より多くの役に立つキーワードを見つけ、事例の各企業と直接コンタクトされ、新たな関係を作っていただければ幸いである。

調査を終えて

「検討会」に参加して

　PSCの2005（平成17）年の事業で取り組んだ、「CSR報告書100社分析」（『企業とNPOのパートナーシップ』2006年6月同文館出版）を手始めに、多くの企業の「CSRへの取り組み」に触れる機会に恵まれた。
　これをベースにPSCでは地球環境基金の助成を受け、2006年から2008年の3年間にわたり、「企業の環境・CSR活動への取り組みに関する調査・分析」を実施したが、私もPSCの役員として、また一人の経営者として、これまで「企業のSRへの取り組みの実態把握と傾向分析」に取り組んできた。
　もともとは㈱デンソーの社員として「社会貢献活動」の企画・運営には1995（平成7）年から携わってきたが、これに「環境活動」が加わり、「CSR活動」へと進化（フレームの拡大）するには約10年の歳月を要した。
　日本の産業界の置かれたグローバル化の波、企業に求められるグローバルスタンダードの行動。これらは否応なく、日本企業に「CSRへの取り組み」を要求した。
　そして、2009（平成21）年はこの「CSR経営」が日本産業の基盤を形成する、企業数にしたら大半を占める「中小企業」において、どう認識され、取り組まれているのか。その実態把握や経営者の意識調査を行う今回の「検討会」に加わることになった。まさに私の15年にわたるCSR活動の集大成でもあった。
　「CSR」はいうまでもなく、企業が社会的に有用な存在として、継続的に存続すべく、「社員の総智、総力を結集して」「顧客のニーズに対応し、顧客満足を勝ち取り」「収益をあげて他のステークホルダーの期待にも応えていくこと」である。つまり「社会的責任」とは「企業の本業そのものであり、経営目的そのものである」。
　CSRを規格化する「ISO26000」の定義を借りると「社会面及び環境面の考慮を自主的に業務に統合することであり、それは法的要請や契約上の義務を上回るものである」ということになる。
　ここで重要なのは「義務」と「責任」の違いであろう。義務はすなわち法律やルールで強制される、守らなければ罰を伴う概念である反面、責任は自

主的で自由な裁量により選択され、極論すれば果たさなくても罰せられることはない。が、今世の中は、世間は企業がこの「責任」をどれだけ認識し、「何をやるか、どう変わっていくか」を注視している。

まさに経営者の「CSR経営」に対する取り組みを期待しつつ、楽しみにしている、と同時に冷徹な目で評価しようと待ち構えているのである。企業として、経営者としてどのような理念・哲学を持ち、どういう会社を、業態を目指すか、そのためにどういう戦略を立てるか、つまり「CSR経営戦略」とその成果に期待しているのである。

往々にして、「CSR」を大企業のもの、国際企業のもの、また「アリバイづくり」「きれいごと」と吐き捨てる経営者も見受けられるが、大きな誤解である。「CSR」はまさに企業の生き残りのための重要な戦略なのである。

今回調査で事例として取り上げた15社の企業はまさに、本業そのものが「環境経営」であり「CSR経営」であった。むしろ大企業が総花的に客観的基準といわれるGRIのガイドラインにそって、一通り「やっている」ことに主眼を置くのと異なり、経営者の哲学をベースに強いリーダーシップの下、一点集中で大きなインパクトのある成果をあげているのは特筆すべきである。

まだまだ裾野は広いとはいえないが、当事例のような本業による本物の取り組みが21世紀の自由主義経済を支え、日本の産業活力の底力になっていくことは疑いないであろう。

さまざまな企業不祥事や非倫理的行動が明るみに出るたび、行政による規制の強化が叫ばれる。そしてその規制が自由な事業活動の手足を縛っていく。この悪循環を断ち、信頼される企業行動が誠意ある経営者と社員によって展開され、「責任」の範囲で自由に、自主的に「CSR経営」が実践され、社会に認知され、評価されるようにしなければならない。

このことはすべての団体・組織に共通して求められるテーマであり、「ISO26000」が「SR」（社会的責任）を定義している所以である。「CSR経営」はすべての企業に求められる理念であり、使命（ミッション）でもある。

(面高俊文)

調査を終えて

　不景気の中、中小企業といえば大企業の狭間で汲々とし、経営者は常に頭を抱え、社員は薄給にあえぐ—というイメージがあった。だが記者が担当した4社は、いずれも経営者は熱く「哲学」を語り、社内は活気に満ちていた。
　理由は取材して分かった。それぞれが独自の視点と経営哲学を持ち、オリジナリティーを武器に事業展開をしている。小さくとも光る「個性」があれば大手と対等に勝負ができる。そのことが経営者や社員の自信となり、会社は活性化する。「個性」のキーワードの一つが「環境」であった。経営テーマの中に「環境」を取り入れたことによって、ビジネスそのものが社会貢献へと昇華していく。さらにその成果を出張授業や工場見学・体験などによって惜しみなく社会に還元している。
　4社は業種も環境問題へのアプローチも異なっていたが共通するものも見えてきた。まず「伝統」。現在の経営者が突然思いついたわけではなく、先代あるいは設立段階から「地域社会への貢献」への意識が高いことである。それもあって環境問題への取り組みは経営者主導で行われ、社員教育や社内での議論は定期的に実施されている。中小企業のイメージを覆す、「目からうろこ」の取材だった。

（長坂英生）

　「CSR」の仕事をさせてもらいましたが、取材を終えるまで「企業の社会貢献」と思っていた私だから、企業の「社会奉仕」とか「時流に乗る活動」が当初の印象でした。
　少し前、電力会社のトップが「太陽エネルギーをやるなら、海上にふたをするくらいの太陽電池が要りますよ」と言っていたのを聞いて、「企業人は独善的」という印象を持ったからかもしれません。今回取材してみて、いろんなタイプはありましたが、「何かの役に立ちたい」「役に立てば」という使命感というか、陰徳的でさえありました。
　みなさん意外に自然と会話するように環境と対話しようとしている、そういう時代が来て、受け入れて自然に舵を切っているのだなあ、と感じました。この感じが当たっていれば「閉塞状況への対応」というより「自然への畏怖への回帰」「古層の露出」なのかもしれない。それは古いものではなく、「社会」を問い直すものと思うのですが。

（鬼頭直基）

　2009（平成21）年12月の第15回気候変動枠組条約締約国会議（COP15）、2010年10

月に名古屋市で開催される生物多様性条約第10回締約国会議（COP10）等、環境保全に関して国レベル、地方レベルで意識が高まる中、環境貢献活動に関して先進的な事例を調査したとはいえ、中小企業の環境貢献意識も高いというのが、今回の調査の実感だった。

そして、中小企業の環境貢献活動の意義は今後さらに高まるとともに、その活発化の可能性も高いのではないかと楽観できた面もある。

その理由は、環境保全がますますグローバルな課題となりつつある昨今、その活動レベルにおいては、ローカル（地域）の保全が重視されていることだ。そして、地域の状況を的確にきめ細かく察知して、迅速に動けるのは地域と密接な関係を持つ中小企業だからだ。

現在はまだ中小企業の環境貢献活動の事例は少ない。今後活発になるには、先に挙げた「地域の保全」の観点から中小企業の環境貢献活動を捉え、大企業を中心としたグローバルな環境貢献活動と、対等に的確に評価・支援する体制や世論が鍵となるだろうと考えた。

本書がその一助となれば幸いです。お忙しい中、ヒアリング調査にお応えいただきました各社の担当者様に感謝申し上げます。

（長谷川泰洋）

今回の調査で、100社を超える企業へ電話を入れた。調査先を選定する際、ホームページなどに環境活動や社会貢献の項目で掲載されているにも関わらず、取材をお願いすると断られるケースが多々あった。活動はとても素晴らしい内容なのに、「そんな大したことをしているわけではないです」「取材やアンケートに対応している時間がありません」「書籍になるなら、お断りさせていただきます」など、さまざまな事情があるのは仕方がないが、紹介できないことがとても残念に思った。

まだまだ大企業と違い、担当部署や専属の担当者がいない状況下であるにも拘らず、環境・CSR活動を行っている中小企業の皆さんの意識の高さが、報告書を整理しながらも感じることができた。また、各社の事業に併せて、人材育成にも重点を置いて活動している内容も、今後の参考になるのではないかと思う。

また、中小だからできる地域密着型活動、社会貢献を事業として捉えている企業やNPOと連携した事業も数多くあった。

今までは大企業が主軸に行っていた環境・CSR活動に、今後ますます広がりを見せる中小企業の活動が加わり、地球温暖化防止や、生物多様性保護、森林・里山保全の問題に効果をもたらすことを期待し、この調査報告が生かされれば嬉しく思います。

（松本真奈美）

参考資料
環境行動計画 名古屋商工会議所

　名古屋商工会議所では、当地域の中小・小規模企業が「経済と環境の両立」を実感しつつ、主体的に環境行動に取り組んでいただけるよう、2009（平成21）年12月に「名古屋商工会議所　環境行動計画」を策定しました。この行動計画が、多くの中小・小規模企業の皆様による環境行動の一助となれば幸いです。

１．基本方針

【実行性ある環境行動計画を目指して】
　「環境に取り組むことが経済的負担となるだけでは持続的な取り組みは成り立たない」という基本認識のもと、できる限り具体的なメリットが得られる行動計画を策定するよう留意し、常に試行・改善を繰り返しながら進めていくこととしました。

【フェイス・トゥ・フェイスでの活動サポートとネットワークの活用】
　「環境に関する取り組みの必要性を感じてはいるが、何から始めていいか分からない」など課題を抱える経営者を対象に、フェイス・トゥ・フェイスのきめ細かなサポートを展開します。
　また、愛知県・名古屋市、財団法人省エネルギーセンター、なごや環境大学などのさまざまな機関や学識者などと適切に連携し、より効果的な支援ができるようにします。

【第一活動期間（2010～2012年度）における重点取り組みテーマ】
　「地球温暖化対策」と「生物多様性保全」につながる取り組みを重点テーマとします。

【交流を通じて相互研鑽を図る】
　会員企業が参加する名商エコクラブ（仮称）の創設・運営を企画します。エコクラブへの参加を通じて、環境に関する情報を得たり、またビジネス交流の機会を得ることができます。

【成果を見える化し、発信する】
　企業の取り組みの成果を報告してもらい、その効果を見える化することを目指します。

2．具体的行動（第一活動期間における重点項目）

【省エネルギーによるコストダウンの取り組み】
　　①エネルギー使用量の把握
　　②エネルギー使用量削減のための具体的活動

【生物多様性への取り組み】
　　③事業活動と生物多様性の関連の棚卸（現状把握と整理）
　　④緑化活動

【体制づくり】
　　⑤環境行動宣言
　　⑥EMS（環境マネジメントシステム）の構築

【事業活動に活かす環境への取り組み】
　　⑦名商エコクラブ（仮称）への参加
　　⑧環境価値を付加した商品・サービス開発やビジネス機会の積極活用

【従業員及び家族等の環境意識向上】
　　⑨eco検定（環境社会検定）取得推奨
　　⑩ボランティア活動の推奨

名古屋商工会議所　環境行動計画イメージ
～「経済と環境の両立」への気づきと「具体的行動」～

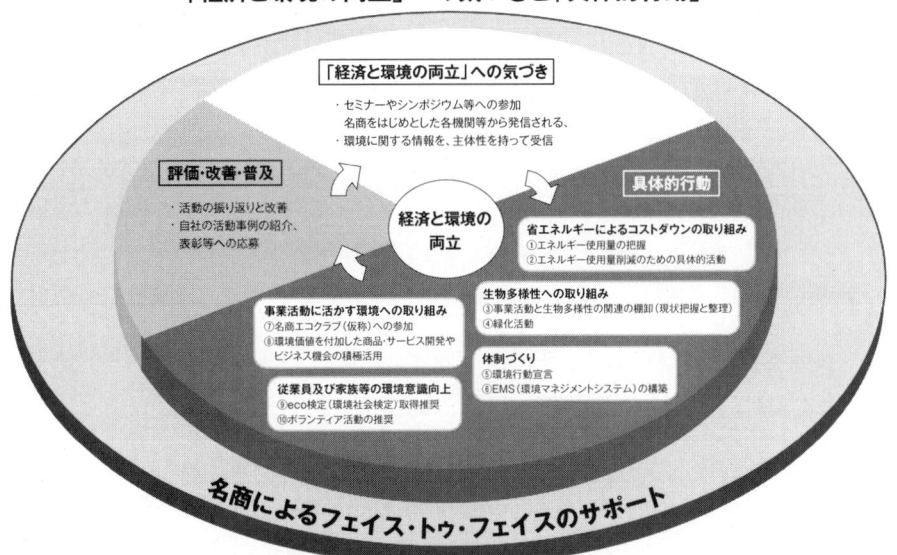

「経済と環境の両立」への気づき
・セミナーやシンポジウム等への参加
・名商をはじめとした各機関等から発信される、環境に関する情報を、主体性を持って受信

評価・改善・普及
・活動の振り返りと改善
・自社の活動事例の紹介、表彰等への応募

経済と環境の両立

具体的行動

省エネルギーによるコストダウンの取り組み
①エネルギー使用量の把握
②エネルギー使用量削減のための具体的活動

生物多様性への取り組み
③事業活動と生物多様性の関連の棚卸（現状把握と整理）
④緑化活動

体制づくり
⑤環境行動宣言
⑥EMS（環境マネジメントシステム）の構築

事業活動に活かす環境への取り組み
⑦名商エコクラブ（仮称）への参加
⑧環境価値を付加した商品・サービス開発やビジネス機会の積極活用

従業員及び家族等の環境意識向上
⑨eco検定（環境社会検定）取得推奨
⑩ボランティア活動の推奨

名商によるフェイス・トゥ・フェイスのサポート

「経済と環境の両立」を目指して
～環境行動計画策定にあたって～

名古屋商工会議所　副会頭・環境委員会委員長　**安井 義博**
（ブラザー工業株式会社　相談役）

　中小企業においては、環境への取り組みを「余分な負担」と感じる意識が、まだ強いのではないでしょうか。

　環境への取り組みがイノベーションやコスト削減などの具体的な経営メリットにつながることに、気づいていただきたいと思います。

　そこで、この環境行動計画では、①具体的なアクションにつながる取り組み、②本所ならではの強みと特徴を活かした中小企業に焦点を当てた取り組み、であることを基本方針といたしました。

　計画はまとまりましたが、これから具体的な行動を実践していくことが何よりも重要です。この環境行動計画にご賛同いただき、できることから環境行動を始めていただきたいと思います。

　2010（平成22）年10月にはCOP10が開催されますので、例えば、森林保全や「SATOYAMA イニシアティブ」として国際的に展開されつつある里山保全に参画することも有意義な活動と言えます。

　また、本所の会員向けに、「名商エコクラブ（仮称）」を設立し、環境に関心を持つ企業の皆様の情報共有、相互研鑽、ビジネスチャンスの獲得を支援してまいります。是非ご参加下さい。

お問合わせ先

名古屋商工会議所　企画振興部　環境・エネルギーグループ
TEL：052-223-6749
　　※環境行動計画の全文は下記URLからダウンロードできます。
　　　http://www.nagoya-cci.or.jp/koho/iken/091224.html

あとがき

パートナーシップ・サポートセンター代表理事 　岸田 眞代

　「中小企業における環境・CSR推進」を目指して実施した今回の調査だったが、その所期の目的はどのくらい果たせたのか。はたまた「中部の中小企業の底力」をどのくらい「見える化」できたのか。

　私たちが当初設定した厳しい質問に応えて返ってきた22通のアンケート結果と、それにもとづく15社のヒアリングは、期待以上の内容をもって応えてくれた会社もあれば、まだまだこれからという会社も、正直あった。

　私たちパートナーシップ・サポートセンター（PSC）は、過去3年間、地球環境基金の助成を受けながら、NPOの環境への取り組みや大手企業、中小企業のCSR活動について事例収集に力を注いできた。2006年には「企業の環境活動等への取り組みに関する調査・分析」（環境編・社会編）、2007年には「企業の環境・CSR活動への取り組みに関する調査・分析Ⅱ」、そして2008年には「企業の環境・CSR活動等に関する調査・分析および促進へ向けたアプローチ・ツールの検討」を実施し、助成元から「評価A」をいただくことができた。

　いわゆる環境団体ではなく、NPOと企業の協働を推進する中間支援団体である私たちパートナーシップ・サポートセンターにとっても、この事業を通じてCSRを切り口に環境問題へアプローチしてきたことは、私たち自身の新たな専門分野として向き合い活動の幅を拡げることにもなった。

　その点で今回の中小企業の取材は、これまで企業や有識者の方たちといっしょに頭を付き合わせひねり出してきた中小企業向けのアプローチ・ツールの検証とも言える作業でもあり、2005年から独自に始めた大企業のCSR調査に加え、私たちの次なる一歩を踏み出す役割を果たしたと言える。それは、すでに展開している中小企業のCSRを、結果としてさらに進めることにもなったのではないだろうか。

CSRの奥は深い。企業活動そのものがCSR活動とは言うものの、だからこそその企業の姿勢や地域との向き合い方が個々に問われるのである。「底」まですぐに見えてしまう企業もあれば、引き出せば限りなく湧き出てくる泉のような「底の尽きない」企業もある。だからこそ、ここに登場した企業も、これからますますその進化が問われるであろう。また社会や地域はそれを心から期待しているのである。

　今回、新しい切り口として取り上げた「人づくり」というキーワードも、各社のヒアリングの随所にちりばめられている。CSRは従業員のモチベーション向上や新入社員の獲得のための重要なファクターであり、まさに人づくりの骨格を成しているといっても過言ではない。当初めざした、CSRのプロセスを言語化・可視化し、次世代と他の中小企業に伝えていくために、この中小企業の先進事例が大いに役立つことを願っている。また、それらをしっかりと読み取っていただければうれしい。
　特に、中部における環境を中心においた「人づくり」というノウハウは、国内ばかりでなく諸外国にとっても大いに参考になるであろう。ものづくり王国といわれる中部の企業セクターの、中小が持つエネルギーとその新鮮な取り組みが、生物多様性の取り組みを前進させ、地域との関わりをより広く深くしていることにも注目したい。
　中部の中小企業の環境と人づくりを中心としたCSR活動には、世界の環境問題を改善していく底力があることを、COP10等を通じて国内外に示すことができれば望外の喜びである。
　最後に、調査にご協力いただいた企業の方々、そして調査に足を運んでくださったみなさま、検討委員として企画から本づくりに至るまで専門的見地からご指導いただいた香坂玲先生、徳山美津恵先生、面高俊文氏、担当者として頑張ってくれた松本真奈美さんに心から感謝申し上げます。

▰発刊にあたっての関係者紹介

面高　俊文　Omodaka Toshifumi
NPO法人パートナーシップ・サポートセンター (PSC) 監事。㈱デンソーユニティサービス顧問。㈱デンソー総務部長時代から企業の社会的責任とNPOとのパートナーシップ・協働の促進に取り組み、PSCやNPO法人アジア車いす交流センターなどの設立に参画。1999年愛知県民間非営利活動促進に関する懇談会委員。2004年より愛知県行政評価委員会委員。07年より愛知県市場化テスト監理委員会委員。08年より知事のマニフェストの進捗を評価する愛知県ロードマップ208アドバイザー。

徳山美津恵　Tokuyama Mitsue
名古屋市立大学大学院経済学研究科准教授。学習院大学大学院経営学研究科博士後期課程単位取得満期退学後、現大学の専任講師を経て現在に至る。専門分野はマーケティング論、ブランド論。研究課題はブランド・ポジショニングに関する研究、エリア・ブランドに関する研究。主な著書は「ブランド・コンタクト・ポイントとしてのサイトの効果測定：ウェブサイトにおけるブランド価値モデルの尺度化」(畑井佐織千葉商科大学商経学部専任講師との共著) 他。

井上　尚男　Inoue Hisao
機械メーカー在職中からNPOの会員となり、まちづくりなどに参加。退職後、NPO法人パートナーシップ・サポートセンター (PSC) 企画の講座を受講し、PSCにて主に2009年度厚生労働省委託事業「コミュニティ・ジョブセンター」の運営や相談対応などに関わり、調査等の活動にも参加。

加藤　元彦　Katoh Motohiko
エレベーター製作・据付・保守会社顧問。建設関連会社在職中、愛知県経営社協会理事、愛知県管工事業共同組合副理事、愛知県浄化槽協会理事等を歴任。2000年7月建設大臣 (扇千景) 賞受賞。退職後「企業等OB人材マッチング事業・愛知協議会コーディネーター」として活動。

鬼頭　直基　Kitoh Naoki
七ツ寺共同スタジオ「七ツ寺通信」(月刊) の編集委員。新三河タイムス社記者。早稲田大学法学部卒業後、社団法人名古屋タイムズ社入社、編集局社会部配属。1997年11月編集局長。2007年10月総合企画室長。08年10月「名古屋タイムズ」休刊。編集副主幹兼総合企画室長監事を経て09年3月退職。

高下　太郎　Takashita Taroh
総合商社を定年退職。2003年、名古屋市の研修講座をきっかけにNPOを知り、以来調査等の活動に参加。新しい人たちとの出会いや、社会との前向きな関わりを持つには、継続したボランティア活動でNPOとの関わりが近道であると考え、高齢者施設のボランティアグループに属し活動。

長谷川泰洋　Hasegawa Yasuhiro
名古屋市立大学大学院芸術工学研究科博士後期課程。緑地保全計画 (特に社叢の保全：名古屋市千種区内) を研究テーマとし、「あいち未来塾」1期生として2009年3月より「もりと社会の共存を考え実践する、もりづくり会議」主宰。10年「なごや環境大学共育講座」講師として活動予定。森林インストラクター、技術士補 (環境)。日本造園学会、社叢学会会員。

日比野　勝　Hibino Masaru
ビール会社早期退職後、介護ヘルパー資格を取得。愛・地球博で介護ボランティアリーダーを務め、NPO法人パートナーシップ・サポートセンター (PSC) で地域活動の講座を受講後、調査等の活動に参加。現在、名古屋市高年大学鯱城学園OB会22年度会長として社会奉仕活動、名古屋市昭和区社会福祉協議会地域福祉活動のプロジェクトチーム長として福祉活動、介護ヘルパー活動等に参画。

長坂　英生　Nagasaka Hideo

フリーライター。1958年、愛知県岡崎市生まれ。大学卒業後、社団法人名古屋タイムズ社入社。編集局社会部にて警察・司法などの担当を経て、社会部デスクとなる。98年よりフリーとして執筆活動開始。現在「名古屋タイムズアーカイブス委員会」を立ち上げ、同紙に掲載された記事や写真の著作権者として、それらの保存を行っている。

松本真奈美　Matsumoto Manami

2009年度地球環境基金事務局を担当。派遣社員、派遣元・職業紹介責任者を経て、06年よりNPO法人日本プロフェッショナル・キャリアカウンセラー協会認定キャリア・コンサルタント。08年NPO法人パートナーシップ・サポートセンター（PSC）が企画・運営する「あいち未来塾」（地域プロデューサーを学ぶため）1期生に参加。塾生の仲間と「都市と農村をつなぐ田舎体験村」の創造を目標に"田舎発見隊「やろまいか」"を立ち上げ、代表として活動中。

松本　佳久　Matsumoto Yoshihisa

陶磁器上絵付工房マツモト代表。愛知県瀬戸市の陶器製造業にて見本上絵付士として就労後、独立。尾張旭市白鳳地区社会福祉協議会にて地域活動に参加。瀬戸尾張旭民主商工会支部長歴任。里山・森林保全等の環境に興味を抱き、2008年あいちエコカレッジネット環境学習指導者養成ベーシック講座、スキルアップ講座受講修了。NPO法人矢作川自給村稲穂の里会員。田舎発見隊「やろまいか」の活動にも参加。

■編著者紹介

香坂　玲　Kohsaka Ryo

名古屋市立大学大学院経済学研究科の准教授（元　国連環境計画　生物多様性条約事務局職員）。COP10支援実行委員会のアドバイザーと国連大学高等研究所の客員研究員を兼務。東京大学農学部卒業。在ハンガリーの中東欧地域環境センター勤務後、英国UEAで修士号、ドイツ・フライブルク大学の環境森林学部で博士号取得。2006～08年に国連環境計画生物多様性条約事務局勤務（農業・森林・持続可能な利用を担当）。生物多様性をテーマとする環境省、文部科学省、経済産業省の委員会や経団連自然保護委員、各企業のステークホルダー会合にも参画。主な著書は『いのちのつながり　よくわかる生物多様性』（2009年中日新聞社出版）。

岸田　眞代　Kishida Masayo

NPO法人パートナーシップ・サポートセンター（PSC）代表理事

大学卒業後、商社勤務、新聞・雑誌記者、経営コンサルタント会社等を経て㈲ヒューマンネット・あい設立。「リーダーに求められる要件・能力200問（自己分析）」を開発。企業・行政研修講師。1993年NPOと出合い、94年名古屋で初のNPOセミナー開催。96年「企業とNPOのパートナーシップスタディツアー」を企画実施。98年パートナーシップ・サポートセンター（PSC）を設立。2000年「パートナーシップ評価」発表。02年には「パートナーシップ大賞」を創設した。各種行政委員歴任。日本NPO学会理事。

編著書は『CSRに効く！　企業&NPO協働のコツ』（2007.10）『企業とNPOのパートナーシップ　CSR報告書100社分析　協働へのチャレンジⅢ』（同文舘出版　2006.6）『NPOからみたCSR　協働へのチャレンジ　協働へのチャレンジ　ケース・スタディⅡ』（同文舘出版　2005.2）『NPOと企業　協働へのチャレンジ　ケース・スタディ11選』（同文舘出版　2003.3）ほか、「企業とNPOのためのパートナーシップガイド」「女が働く均等法その現実」「中間管理職―女性社員育成への道―」等多数。

連絡先
特定非営利活動法人パートナーシップ・サポートセンター（PSC）
名古屋市千種区池下1-11-21　ファースト池下ビル4F
TEL 052-762-0401　E-Mail：info@psc.or.jp　URL：http://www.psc.or.jp

中小企業の環境経営　地域と生物多様性

2010年3月31日　第1刷発行

編著者　岸田　眞代
　　　　パートナーシップ・サポートセンター

　　　　香坂　玲
　　　　名古屋市立大学大学院経済学研究科

発　行　特定非営利活動法人パートナーシップ・サポートセンター（PSC）

発　売　サンライズ出版
　　　　〒522-0004 滋賀県彦根市鳥居本町655-1
　　　　TEL (0749) 22-0627

Ⓒパートナーシップ・サポートセンター 2010　　Printed in Japan　　定価はカバーに表示しています
ISBN978-88325-4-416-3　　　　　　　　　　　　　　　　　　　　　乱丁・落丁はお取り替えいたします